文舒曼◎编著

NVRENBUKEBUJIE

# 女人不可不戒

◎ 戒，是美满生活大艺术，是女人走向幸福的捷径 ◎

一个女人这一辈子会养成各种各样的习惯，有的习惯会从正面影响我们的一生，而有的习惯却会在不知不觉中从反面破坏我们的一生。在我们埋怨命不好的时候，仔细想想，是不是这些"反面分子"在作怪？做一个幸福的女人其实并不难，关键就看你能不能戒掉这些令你深陷其中的坏毛病。

中国华侨出版社

**图书在版编目（CIP）数据**

女人不可不戒/文舒曼编著. —北京：中国华侨出版社，
2010. 11（2014. 8 修订版）
ISBN 978 - 7 - 5113 - 0894 - 8

Ⅰ.①女…　Ⅱ.①文…　Ⅲ.①女性—成功心理学—通俗读物
Ⅳ.①B848. 4 - 49

中国版本图书馆 CIP 数据核字（2010）第 225219 号

● 女人不可不戒

编　　著/文舒曼
责任编辑/梁兆祺
封面设计/纸衣裳书装
经　　销/新华书店
开　　本/710 毫米×1000 毫米　1/16　印张/18　字数/220 千字
印　　刷/北京溢漾印刷有限公司
版　　次/2010 年 12 月第 1 版　2014 年 9 月第 2 次印刷
书　　号/ISBN 978 - 7 -5113 - 0894 - 8
定　　价/32. 80 元

中国华侨出版社　　北京朝阳区静安里 26 号　　邮编 100028
**法律顾问：陈鹰律师事务所**
编辑部：（010）64443056　　64443979
发行部：（010）64443051　　传真：64439708
网　　址：www.oveaschin.com
e - mail：oveaschin@ sina. com

# 前言 | *PREFACE*

作为一个女人，在这个节奏飞快、竞争激烈的社会中，活得是很辛苦的。有的女人将美丽作为自己的资本，不过岁月的风刀霜剑很快会让她的韶华逝去。更何况，一个不具有内涵的花瓶女人是不会得到别人真正尊重的。而有的女人则为了事业而奔波忙碌，失去了生活中的优雅自如。个人、家庭、事业之间的平衡，对于很多女人来说，这是一道解不开的谜题。

其实，这些对女人而言并不奇怪，因为这个社会对于女人的要求十分苛刻，女人想要让自己在任何时候都得心应手则更加的困难。女人需要处理的社会关系远比男人复杂：在单位里要能独当一面，在家庭里要做贤妻良母，在老人面前要做个孝顺的女儿，在社会上则要保持一个好形象。这其中只要有一个环节处理不好，都会带来无穷的烦恼，让你的生活距离幸福越来越远。

当你觉得生活失去了色彩，当你觉得幸福总是遥遥无期，当你觉得快要被压力压垮了，当你郁闷自己总是人际舞台上的丑小鸭，当你为寻梦中的白马王子苦恼不已，当你的婚姻告急，当你陷入物欲的泥沼，当你在事业和家庭之间战战兢兢地应付着，这时，你就需要一位洞悉世事、人情练达的老师，她会帮你理智看待你身边的世界，给你理性的建议；她会启发你自身的智慧，让你不再雾里看花；她会在你犹豫的时候给你信心，让你不再犹豫不决。

《女人不可不戒》这本书，就是这样一位老师，它了解你的处境，知道你的难处，它会春风化雨，更懂得循循善诱。幸福的女人，带上这本书吧，让它给你一双慧眼，让你在人生的岔路口不再迷茫，让它授予你一柄慧剑，让你在该戒掉的时候不再犹豫，获得本应属于你的幸福。

这是本专为女性朋友编写的人生哲理书。它从十个方面入手，给女性朋友支招——如何在人生道路上戒除负面的事物。

本书用温婉流畅的文字向读者缓缓述说了女人一生应该戒掉的事，通过浅显易懂而又引人深思的语言，渗透幸福的哲理，涤荡女人心灵，为女人的爱情、事业、生活出谋划策。

阅读本来是件快乐的事情，相信捧读此书将更使你在轻松惬意中获得越来越多的幸福。

# 目录 *CONTENTS*

## 第一章 塑造魅力——戒蓬头垢面、不修边幅

　　幸福女人之所以幸福，表现在生活的方方面面。在人生的旅途中，女人只有适当塑造魅力，运用优雅的姿态来面对生活，才能以自己的独特个性，吸引他人的目光。假如你天生丽质，它将使你更加美丽；即使你相貌平平，也会因此增添光彩。一个女人如果只知道化妆打扮，而不懂如何让自己更加优雅，就难免给人留下徒有其表的印象。

## 第二章　抛开阴影——戒活在别人的价值观里

累与不累，主要取决于自己的心态。快乐与不快乐，就看你是否学会了戒掉。戒掉，是一种生活的智慧。戒掉，是一门心灵的学问。树木，把枯黄的落叶戒掉，期待下一个美丽的春天。天空，把灰色的云翳戒掉，才有一个灿烂的晴空。心灵，把沉重的郁结戒掉，就有一个幸福、快乐的人生。扫地除尘，能够使黯然的心变得亮堂；把事情理清楚，才能告别烦乱；把一些无谓的痛苦抛开。人生在世，有些事情是不必在乎的，有些东西是必须清空的。该戒掉时就戒掉，你才能够腾出手来，抓住真正属于你的快乐和幸福！

## 第三章　正视情感——戒抓紧变质的爱

有一种爱，叫放手；有一种智慧，叫微笑。聪明的女人，当这样东西还属于你的时候，好好珍惜，多想想它的好；当它想逃离你的时候，也不要死抓不放，放它走，你的幸福就在前方。

目录

CONTENTS

## 第四章 活出自我——戒依赖任何人

有些女人想当然地认为，女人是天生的弱者，凡事单纯靠自己，太难。于是，很多女人选择了依靠别人：婚前靠父母，婚后靠丈夫，年老靠子女。但是，父母不能永生，婚姻充满变数，子女有自己的生活，似乎谁都可以靠，但谁都不牢靠。请记住：只有自己能给你安全感，生存也好、成功也好，唯一可以放心依靠的，是你坚强的自信，是你"靠自己走路，走自己的路"的独立意识。具有独立的意识，心灵上也就解放了。如果你的精神受到了压抑，如果你对未来感到迷茫，那么增强自己的独立意识，只有自立、自强才不会躲在别人的屋檐下避雨，才能让你拥有一片自由的天空，过从容淡定的一生。

## 第五章　社交得体——戒放弃自己的底线

中国人讲究待人接物既要诚恳热情，又应当合乎彼此身份的关系，符合礼仪规范。如果一味只顾热情友好，而不顾"礼"的适度，就是所谓"热情越位"。"热情越位"与不够热情同样有害。"热情越位"会被人视为失礼和没有教养的表现。所以，身为女人在社交中更要得体，不要放弃自己的底线。

目录
CONTENTS

## 第六章　化解矛盾——戒凡事苛求完美

诚然，生活中确实有太多可气之事，也确实有太多可气之人。但是，"气"生得再大，也于事无补，于人无益。并且，"气"生得越多，就越伤自己的身体，倒霉的只是自己。既然如此，那为何不戒掉呢？要想摆平矛盾冲突，理性是预防针，修养是免疫力。有了这两条，生气的就是别人，快乐的就是自己。

## 第七章　心胸开阔——戒斤斤计较

张曼玉说："我从来不认为外表漂亮，或者事业成功的女人是最美的。女人应该善于利用不同的角度看事物，多尝试新鲜的东西，多一些好奇心。另外，我觉得女人心胸开阔最重要，不要太执著，放松、开心，这样的女人不小气，不会有嫉妒心，会有一种知性、典雅的美。"

## 第八章 适可而止——戒太过精明

精明的女人总是男人和女人的焦点，特别是漂亮的精明女人总是能成为大家讨论的话题。曾经有这样一句话："太精明的女人往往会失去很多，尤其是感情；太精明的女人也许会得到很多，但感受不到真情，只因为她们太过精明。"女人面对精明的女人也许会把她当成是自己的梦想，男人面对精明女人也许只能站得远远的欣赏。精明的女人往往会失去很多。不但男人望而生畏，而且有时女人也会觉得很可怕。有一位成功的男士曾经说过，精明的女人要学会装糊涂，而不是时时刻刻都表现出自己很强的一面。越聪明的女人越会做好这一点，该精明的时候精明，该糊涂的时候就必须装糊涂。精明要适可而止才是真的精明！

## 第九章　话说到位——戒失去亲和力

一个冷冰冰的总是拒人于千里之外的美人是不受欢迎的，亲和力胜过一切的美貌！具有亲和力的女人在与人谈话时总是用友善的口吻，脸上也总是保持着微笑，这样能有效消除人与人之间的隔膜，拉近彼此间的距离。在人际交往中，具有亲和力的女人不俗不媚、宽容随和、通情达理，无论何时何地都是广受欢迎的。即便是批评，有了亲和力，也会更容易让人接受。因此，女人在说话到位的前提下，千万不要失去亲和力。

## 第十章 礼仪优雅——戒接人待物要诡计

　　只注重外表打扮并想以此抓住男人心的女人，没有魅力；拥有丰富的知识却不解风情的女人，没有魅力；叱咤风云却不懂得生活情调的女人，没有魅力。女人的魅力是一项综合指数，是从女人内心深处自然流露出来的一种气韵与风格。拥有魅力的女人，虽然可能眼角爬上了皱纹，虽然可能一贫如洗，但却会是一道不褪色的风景，随着岁月的流逝而更加迷人。魅力十足，这是每个女人最心仪的赞美词。魅力不像容貌是与生俱来的，而是完完全全靠后天的修养凝聚而成。优雅的魅力女人要靠什么来培养和塑造呢？毫无疑问，正是礼仪。通过学习礼仪，优雅就会在你心中生根发芽，开出魅力之花。而要做到礼仪优雅，女人就要在接人待物时戒除耍阴谋诡计，心胸坦荡。

# 第一章
## 塑造魅力——戒蓬头垢面、不修边幅

　　幸福女人之所以幸福,表现在生活的方方面面。在人生的旅途中,女人只有适当塑造魅力,运用优雅的姿态来面对生活,才能以自己的独特个性,吸引他人的目光。假如你天生丽质,它将使你更加美丽;即使你相貌平平,也会因此增添光彩。一个女人如果只知道化妆打扮,而不懂如何让自己更加优雅,就难免给人留下徒有其表的印象。

# 戒蓬头垢面、不修边幅

"女为悦己者容",千百年来这句话仿佛成了真理,其实则不然。在现在这个社会里,装扮自己是对别人的一种尊重,也是对自己的一种重视,更是体现女人魅力的绝招。

不要以为自己年华已逝,深居在家就可以毫不修饰,要知道,女人的美无时不刻不在,只要你稍微留意、简单装扮照样可体现美。

魅力会随着年龄变化,许多女人在年轻时还新鲜可爱,年龄稍大就变得俗不可耐,让人不想多看她一眼。在大街上,人们常感叹那里女孩子漂亮的惊人,但又到处看到一些女人,声音泼辣、体态粗俗,毫无魅力可言。

所以,年轻女孩子如果仅仅是单纯可爱,就还称不上有女人的魅力,这就好像路边的小野花,盛开时还好看,一旦干枯或蒙上灰尘时就毫不起眼。但是,有些花是可以在含苞时、盛开时、甚至干枯时都美的,比如玫瑰花,在干枯后颜色初褪尽时仍能散发出芬芳。比如著名女演员奥黛丽·赫本,就是这一类的女人,见到她时,她已经是个老人,但她身上每一个毛孔都散发着成熟女人不可抵挡的魅力。而一个真正有魅力的女人,不仅对男人有吸引力,对女人也具有吸引力。

如果你认为自己皮肤不够白皙,如果你认为自己需要减肥,那你不妨为自己制订个计划，然后坚持下去。如果你是单身，无可置疑地你需要每时每刻关注自己；如果你有了老公，也不要以为从此就可以每天蓬头垢面。每天打扮一下自己，弄弄头发，化化妆，你会发现老公日渐暗淡的眼睛也会发亮，而你也在这种自信中找到了从前的自己——那个年轻时光鲜漂亮的你。

归根到底都是完美自身让周围的人或是让自己高兴的事，通过自己的满意、欣喜，得到心理上的满足。

其实打扮不是一件很难的事情，每天出门前打开衣柜搭配一下衣服，化个淡妆，光鲜漂亮地出去见人！其实，打扮的细节最重要了，它最能体现自己的品位，有时一件合适的小饰物就能完全展现你的个性。不要以为你是居家女人就可以毫不修饰，淡淡的妆容也是对别人的尊重。

黄亮是位喜欢穿着讲究的人，而他的妻子马娟却越来越让他失望。黄亮说：他妻子不懂得按自己的身材特点选择服饰，更不懂得色彩的搭配。黄亮给马娟提建议，可是马娟却指责黄亮是小男人，管得太多。一次，黄亮开玩笑说男人都喜欢漂亮的女人，让妻子马娟注意打扮，别让别人把丈夫给勾引了！谁知妻子马娟自负地"哼"了一声，继续我行我素。马娟始终认为，她的家庭条件比黄亮家好，当初她是不顾父母的反对"下嫁"给黄亮的，她相信她当年的"义举"早就"套牢"了黄亮，是属于"公主"和"青蛙"的童话爱情，所以就安心地过着懒散的、不修边幅的生活。黄亮虽然不是那种朝三暮四的男人，但在街上看见穿着得体的女人时，心里总会若有所失。

其实，这样的女人在现实生活中也不在少数，尤其在生完小孩，

第一章
——戒蓬头垢面、不修边幅
塑造魅力

3

逐渐进入中年以后。这样的女人往往有如下心理：一是"保险箱"心理，以为"革命"到头，可以马放南山了，所以衣着随便，不再注意修饰。二是懈怠心理。就是不再"严格要求自己"，一切马马虎虎，得过且过。爱美之心人皆有之，你说这样的女人能不让丈夫失望吗？丈夫也许嘴上不说，可心里明白着呢。这才是真正的危险所在。一句话：不修边幅甘做黄脸婆的女人太粗心。

那么在不能改变男人天性的情况下，女人该如何经营自己的幸福呢？

女人应该像树一样成长，像树一样生活。当我们还是一棵小树的时候，我们像小草，除了身边的琐碎，看不到远处的景色，此刻，心是稚嫩而无知的。我们不知道该如何装扮自己，更不知道该如何吸引别人。

当我们长到青年，亭亭玉立，虽然纤弱却可以被移栽到新世界的时候，心灵的高度也应该随着身体的高度增加，不能眼光总是游荡在三尺之内的迷雾里；要学会站在高处观察和了解人生的山山水水，探寻阳光为何绚烂，花朵为什么绽放和凋谢，流云为什么飘散。因为只有明白就里，才能找到出路。这个时候，我们需要培植这颗理性的种子，因为我们太缺少这份明智。这个时候的人们明白了什么是魅力，什么是装扮，开始拼命地在众多人中脱颖而出，时时刻刻注意自己的言行举止。

虽然我们不是一棵树，但是我们应该明白，渴望完整归一是女人的生命理想，把渴望依赖的心约束在年轮之内确有些难度。但面对这个多变的世界，若要避免意外的痛苦，除了成长为一棵树，我们还有更好的选择吗？

由此来看，女人的魅力很多都来自她的外表，这包括她的容貌身材、衣着打扮、言谈举止等等，这些构成所谓的气质和风度。天生丽质的人可能有许多的优势，打个数学比方，好像美丽与其他因素之间是个乘法关系，在这个基础上加上合体的装束、优雅的姿态、生动的语言等等，那么美丽的分数总会很高。就如同上面我们所说的女人要做一棵完整的树一样，既有树的笔直身段，又有绿叶的招展，无论什么时候看，都不会因岁月的侵袭，年轮的增加而消减自己的魅力。

一个天生不够漂亮的女人，如果努力修养其他气质因素，也可以成为很有吸引力的女人，甚至随着年龄的增长而更有魅力，更受人喜爱。

幸福的女人，应知道如何通过展示自己各方面的优点，来构成一种魅力的氛围，从而使自己的魅力总分更高，虽然，这是很难的一种能力。但是，注重你的装束，能够最简单的提升你的魅力总值。

# 戒酗酒

当今社会，越来越多的女人开始饮用香槟、葡萄酒和各种甜酒，但问题也就随着出现了。虽然戒酒专家说他们尚未发现饮酒的女人在统计数字上有所增长，但他们的确相信，18～25岁之间的女子饮酒最多，58%的酗酒者都属于18～29岁这个年龄段。下面，大家来分析一下这种新型的酗酒行为。

除了对酒上瘾以外，女人酗酒一般存有两个原因：一是为了男人；二是失意的女人。

也许是他不爱她，无论她怎样付出怎样苦苦地等待，她都得不到他，这让她感到绝望；也许是这个男人以前爱她但现在却又抛弃了她——这让她耻辱，假如是她抛弃他的话，她才不会酗酒，只会看着他酗酒而暗自感慨：没出息的东西，就知道喝酒，离开他就对了；也许是他事业不成功，让她在其他女人面前没有可以炫耀的资本，让她觉得丢人：看其他女人的衣服，人家的住房，再看看其他女人家的老公，再看看自己嫁的倒霉蛋，越想心里也不是滋味！

还有可能是他事业太成功；令很多女人都想来跟她分杯羹，而他偏偏喜欢多吃多占，这让她危机、焦虑、愤怒——如果当初没有我，你哪有今天的成就？

总之，男人没有合她的意。

她酗酒，借酒发泄，大哭大闹，将痛苦淋漓尽致地展示出来，把美的自己撕裂给他看，在心底私处，无非是想引起他的注意，让他心痛，让他怜惜，从而做出让步，让她重新获得纵容。

可是，她打错了算盘。

李玫是某个大公司的销售主管，人长得有几分姿色，抽烟、喝酒，喜欢撒娇，当然，唯一让人佩服的，是她十分聪明，她在技术方面的领悟力总是让人大跌眼镜。

某个单子李玫跟了一年，一年来，她每周都要陪准客户吃一次昂贵的饭，进行一次或洗或蒸或按摩或购物的消费，然而，到了最后的紧要关头，她突然发现自己可能没戏了——那个老男人，开始拐弯抹角地开导她，说一些假如这次中不了标，该如何办的话。

李玫十分伤心、郁闷。于是，李玫就在上飞机前和一个男人开始喝酒。

李玫一杯一杯地喝，诉说一年来的投入，除了市场费用，她说，还有感情投入。这时候，她的眼睛开始水汪汪起来。然而她很快忍住了。

一周一次的约会，称得上感情投入了。李玫和老公结婚的几年，基本见面也不过这个频率，这个女孩子为了拿订单，做得太苦了。

李玫一杯一杯地喝，一句不停地说，直嫌那个男人喝得慢。上飞机前，两人喝了11瓶啤酒。

这天航班晚点了，在候机楼的咖啡屋，那男人问李玫，还喝不喝？喝！为什么不喝？当时言语已经明显过多的她，又喝光了两瓶啤酒。

然后，在空中飞行的三个小时中，整个机舱里弥漫着李玫的声音，她要来四瓶啤酒，缠着一个同行的男人，又喝又说，居然都是说工作的事。

快降落时，李玫抱着脑袋，说头疼，耳朵嗡嗡响，听不见，无助地像个孩子。

然而，走出机舱，她又突然快乐起来，张着手，轻盈地在人群中钻来钻去，飞快地向前跑。

在接机的人群中，她扑向她的丈夫，那个温文尔雅的男人拥着她，走了。

第二天中午，李玫打电话说，昨晚回家两人又喝，喝了不知多少瓶，喝光了门口小店的啤酒。她说，她心情不爽时就酗酒。

这个面色苍白的女人说她一周至少要喝高两次，因为她总是心情不爽。说，自己在挥霍健康，挥霍青春。

厌恶？同情？

女人，何苦如此虐待自己。要知道：爱情、事业与酒无关。

李璐苦恋了陈强好多年，但是陈强只当李璐是他的红颜知己，可李璐不甘于此，她要当红颜之妻。两人的拉锯战一直打到现在。李璐四处飘零，但每年都要拿出几周的时间回到山西老家看他，两人见面难免喝酒，酒至酣处，李璐往往悲从中来，一次甚至把酒瓶子砸碎了往脑门上拍。李璐大声的质问陈强："这么爱你的女孩，为什么不娶？反正你也找不到心仪的人，不如娶个爱你的人，或许更幸福。"陈强说："不，你的性格的另一面很暴烈。女人不仅平时要淑女，酒桌上更要讲仪态和修养。喝酒本是一种享受，喝到心花怒放头飘飘脚飘飘最好，既善待了自己，也不会辱没了酒的清凛仙气。

非要借酒浇愁，喝到呕心呕肺面目皆非，把一件幽雅的事搞得俗不可耐的地步，简直就是自残自戕而不自爱，如果你一直这样，到时候和你结了婚，一旦出现什么问题你就开始酗酒的话，生活将无法继续。"

"酒桌上的仪态是女人修养的另一面"，瞧，这就是男人说的话！

女人酗酒在男人看来远比他自己放浪形骸要可恶得多，非但不楚楚可怜，有时简直是面目可憎。不管你承认与否，在一些男人的眼里，女人多少都具有一定的观赏性，你不堪入目，他只有嫌弃，你痛得愈切，他厌得愈烈，逃得愈远。男人有时不会反思自己、心疼对方：我怎么可以让她这么伤心？除了热恋时期——他只会心伤自己：她怎么变成这个样子了，他为自己曾经的美好印象被践踏而伤心，或为自己不得不还要与这个疯子厮守一生而生气。一般情况下，男人是不会原谅女人酗酒的行为的，也不会因此而让步。偶尔，男人让了步，除了怕麻烦以外，更多的是因为还不想失去她或现在还不能舍弃她，所以唯有假装原谅她做出让步，也借机给自己一个良心交代：总算对她仁至义尽了。

酗酒的女人很少能得到男人的欣赏和真爱，而酗酒也从来就不是女人抓住男人的最好利器和最有效方法，更可谓最失败的选择，女人戒掉酗酒的习惯吧！不要让自己的另一半瞧不起自己。

# 减肥节食不会塑造完美身材

拥有令人骄傲的身材，令人羡慕的气质，是每个新时代女性的梦想。没有哪个女人不希望自己拥有漂亮迷人的身段，一些体态偏胖的女人，更是用足了劲去减肥。很多女人通过节食来塑造自己的完美身材，经过一段时间后不仅不瘦反而胖了。如果我们研究一下她们的节食减肥方式，就会发现她们其实是在减肥过程中被错误的观点拉进了减肥误区。

她们认为节食就是"吃素"，吃得像和尚那样就能使身材苗条。

节食只是减少膳食的总热量和过多的脂肪，"吃素"只能保证不吃肉食，并不能做到低热量低脂肪。不少真正的和尚也不见得不胖。瘦鸡肉、鱼肉等仅含有较少的脂肪和热量，稍微吃一些并无妨碍。而单纯吃素食，不能摄入足够的优质动物蛋白，这样就增加了减肥中发生营养不良的机会。

减肥成了一些女性渴望去做的头等大事。吃减肥药已经过时，运动减肥成为最流行的健美方式。俗话说，生命在于运动，健美也是如此。要想成为一个美丽的新时代女性，必须内外兼修。除了身材的美丽，身体健康，个人的整体素质的提升也必不可少。

现在，健身俱乐部随处可见，而爱美的女性们也乐此不疲地挤出有限的时间去做健美运动，目的是塑造一个完美的自我，挑战自己，战胜自己的不足，改变不良习惯，让自己活得更充实更阳光。

而男士往往用苗条俊俏、亭亭玉立、身材曼妙来形容身材完美的女性，这样的女性在男士眼里具有相当大的吸引力。

然而自古以来，男性对女性身材的看法不尽相同。古代君王有的喜好西施般柔弱的女性，有的钟情纤腰细腿的赵飞燕般的女性，有的则沉迷丰满肥腴的杨玉环般的女性。可是到了现代，女性的观点发生了很大的变化：纤瘦的身材似乎成为每个女性的追求。而不少女性常常为了保持苗条的体形，吃得越来越少，但你可知道，吃得多固然会增加脂肪，带来烦恼，吃得太少也会造成很多困扰呢。当你为追求完美身材而节食的时候，你的身体健康正受到威胁。

节食太久除了可能因为饮食太过单调缺乏变化而失败之外，最严重的就是营养问题，很多人都以为外表看起来粗粗壮壮的就不会有缺乏营养的可能，但是有些少量营养素，如维生素、矿物质缺乏时，并不会引起身体外观的明显变化，可是却会造成相当大的并发症。因此有心要利用节食法来减肥的人，千万不要给自己安排一个营养不均的减肥餐，要切记多样性、营养均衡及低热量是节食减肥餐不可或缺的原则。希望减肥族在斤斤计较体重数字的起落之外，健康更应该是要被最优先考虑的，否则就失去了减肥的真正意义了。

相信曾经用过节食法减肥的人绝大多数都碰过一个问题，就是一开始体重下降的情形非常满意，可是后来到了某个程度之后就再也下不去了，甚至体重反而开始回升，最后只好宣布又一次的减肥失败。这当中的关键就在于身体的基础代谢率，也就是当整天都不活动时身体为了维持正常生理活动所必需消耗的能量，这个基础代

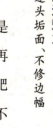

第一章 塑造魅力

——戒蓬头垢面，不修边幅

谢的能量加上每天所有的活动，包括走路、做家务、运动等等所耗去的能量，就是一个人每天所必需的热量。节食减肥法的基础就是要让每天所摄取的热量低于每天所要消耗的热量，这样的话就可以把原先堆积下的脂肪慢慢消耗掉，而达到减重的目的。

然而人的身体是一个非常微妙的组合，当节食甚至断食时，因为摄取的热量低于维持正常生理作用的需求，所以经过一段时间后，身体会主动将基础代谢率往下调整，也就是说原本你可能一天的热量需求为1500卡，如果你因为节食每天只吃1200卡的热量，一开始当然体重会下降，但是节食一段时间后，身体就会将每日需求往下调整为1000卡，这时如果你仍每天吃1200卡时，则因为吃进去的热量又大于需要消耗的热量了，所以体重便会停滞不前甚至不减反增，这也正是节食或断食减肥者，在减重到了一个程度之后就再也减不下来的主要原因。

25岁的林娜，是位文字工作者，刚从长达一年的神经性偏食症中康复过来。她以过来人的经验告诉现代女性：盲目的节食瘦身可能对健康造成严重伤害，甚至令你悔不当初。林娜身高165厘米，体重52公斤，堪称标准身材。然而，受到时尚媒体一再大肆渲染的清癯纤瘦模特儿形象影响，她开始认为自己过胖。为了减肥，她拒吃一切可能令人发胖的东西：面包、全脂牛奶、乳酪、蛋，甚至所有肉类，这些食物均被林娜认为是"毒药"，绝对不沾唇。极力避免"中毒"的林娜三餐完全以面包、牛奶等脂肪含量低的食物为主食。到后来她完全无法接受其他食物，比如牛排等，甚至只要闻到气味，就会忍不住恶心想吐。"我再也无法到外面就餐，因为我害怕餐厅使用过多的食用油或调料，那会使我发胖。"林娜说道。

林娜自以为所坚持的节食计划极其安全，殊不知这么做使她逐渐步上神经性偏食症这条不归路。

在美国，每年有数千人因饮食失调受害，其中以神经性偏食症为最多。所谓神经性偏食症是一种神经性症状，患者因为长时间强迫性拒食某一类特定食物或所有食物，导致体内消化系统产生排斥，以致患者甚至完全无法进食，只要吃进一点儿东西就忍不住恶心想吐，到最后因营养不良、体力衰竭而死。

那么节食的具体危害有哪些呢？现在我们来仔细看一看。

美国一家杂志新近刊登了一项研究报告，报告称，控制饥饿的荷尔蒙同时也对生殖系统起着重要作用。研究表明，当吃得太少时，过度瘦身对女性的危害有很多种，不可忽视。

首先会有贫血的症状。营养摄入不均衡使得铁、叶酸、维生素$B_{12}$等造血物质本身就摄入不足；由于吃得少，基础代谢率也比常人要低，因此肠胃运动较慢、胃酸分泌较少，影响营养物质吸收。这些都是造成贫血的主要原因。

其次是脱发。对身体过瘦的女人而言，体内脂肪和蛋白质均供应不足，因此头发频繁脱落，发色也逐渐失去光泽。

再就是会出现骨质疏松。有关研究调查发现，体瘦的女性髋骨骨折发生率比标准体重的女性高1倍以上。这还是由于过瘦的人，体内雌激素水平不足，影响钙与骨结合，无法维持正常的骨密度，因此容易出现骨质疏松、发生骨折。

同时还会出现胃下垂的情况。以饥饿法瘦身的女人常食欲不振、胀气、胀痛，这很可能是胃下垂的征兆。

还会导致记忆衰退。大脑工作的主要动力来源于脂肪。吃得过少，体内脂肪摄入量和存贮量不足，机体营养匮乏，这种营养缺乏使脑细胞受损严重，将直接影响记忆力，变得越来越健忘。

最为严重的是子宫脱垂。子宫没有了足够脂肪的保护，容易从正常位置下垂，甚至脱出阴道口外，形成子宫脱垂。

事实证明，有许多女人都曾因厌食症而受害，都曾为饮食失调付出惨痛的代价。极度偏食导致她们身体内的营养严重不良，并因而罹患多种疾病——轻则抵抗力减退，不时感冒、伤风，贫血，重则甚至有导致癌症发生的危险。

此外，因偏食而产生的维生素与矿物质缺乏更使体力减退，大大提高罹患高血压、癌症、骨质疏松及血管硬化症的几率。

然而可怕的是重度偏食症通常有一层甜美的外衣。患者通常不自知，还以为其严守的节食策略是帮助自己瘦身健美的万灵丹。在重度偏食患者中，女性患者又比男性多上好几倍，原因是女性对于肥胖的敏感度较高，自然容易掉进偏食症的陷阱中。

追求完美身材本没有错，但是减肥的前提必须是健康。节食减肥尽管被现代多数女性所推崇，但是，聪明的女性一定要知道：你的健康对你最重要。没有健康，只有纤瘦的身材那样只是一种病态。

# 没有丑女人，只有懒女人

爱美是女人的天性，作为女人你有权利让自己通过各种方式变得漂亮，不要以为街上的美女、银幕上的明星都是天生的肌肤胜雪、身材婀娜。你是否知道明星每天不管拍戏多累都要坚持卸妆，做皮肤保养，而这些并不需要去美容院，只需要几片水果或者一张面膜就可以搞定；你是否知道朱茵十几年来如一日地做胸部按摩，以致在女明星中受到的羡慕声片片。

千万不要以家务繁忙为借口而懒于打扮，要知道，日本的女人通常都会在老公到家前半小时把自己打扮得漂漂亮亮的，让老公一进门就有一种赏心悦目的感觉；她们也会在老公睡觉前半小时就沐浴完毕，在床上乖乖地等待老公；早上的时候她们会先于老公半个小时起床，洗漱、化好妆后，把早饭端到老公面前，让自己呈现在爱人眼前的永远是最美丽的一面。因此，在世界上大多数人提到日本女人的时候，都会举起大拇指大加夸赞她们温柔、贤惠美丽。

当然，我们不用像日本女人一样，但是简单打扮一下自己也是很有必要的，不要以为男人真的不会抛弃黄脸婆。要知道，男人大都属于视觉动物，你连外表都不能让他满意，还指望他能为这个家付出多大的努力呢？

第一章　塑造魅力
——戒蓬头垢面、不修边幅

15

让自己变得美丽也会让你的老公更爱你，不要吝啬那半个小时的时间，梳梳头发，做做面膜，买几件时尚的衣服，时刻展现靓丽的自己。

# 戒除不健康的饮食观

女人为了健康，或许恪守着关于饮食的种种箴言，但是你知道吗？那些你一直深信不疑的饮食箴言，其实很多是充满了片面性的谎言！现在，女性朋友是该给你一个清晰的、健康的饮食观了。

一提到糖、盐和脂肪，女人就不约而同地说道："应对之忌口，因为它们对人体的健康有害。"而事实上真是如此吗？

（1）早餐吃什锦麦片比面包片更加耐饿

什锦麦片内含水果丁、胡桃仁、葡萄干等食物，并添加了牛奶，看起来仿佛更加丰盛，但实际上它和涂果酱的面包片相比，所含的卡路里差不多。但食用什锦麦片的人，其血糖含量通常较低，而且糖含量越高的麦片就越不容易让人感到饥饿。所以，实际上吃果酱面包片更耐饿。

（2）黄油面包片比炸薯条更健康

曾几何时，人们都知道快餐中的炸薯条热量大，转而选择看起来更健康的面包片。但是为了让面包片的味道更好，很多人在吃的时候都会抹上黄油。其实，抹上黄油的面包片和炸薯条相比，两者的油脂含量区别极小，它们含有的淀粉、蛋白质和矿物质也几乎完全相同。而且相对来说，炸薯条所含的维生素 C 更丰富，所以黄油面包并不比炸薯条更健康。

（3）新鲜蔬菜比冷藏蔬菜更健康

假如是刚从菜地里采摘下来的新鲜蔬菜，这种说法没有任何问题。但事实上我们吃到的蔬菜大都没有那么新鲜了，而通常都是储存了几天之久的了，其所含的维生素也在储存的过程中逐渐地损失掉。相反，超低温快速冷藏的蔬菜就能保持更多的维生素，因为蔬菜采摘之后即冷藏，就能很好地防止维生素的流失。

（4）褐色面包就是全麦面包

注意饮食健康的女人，却经常被食品的颜色所迷惑：褐色面包被看作是健康和营养价值更高的食品。殊不知那只是面包师烘制面包时添加的食用色素，从而使褐色面包更具有诱人购买的色调。因此褐色面包并不等于全麦面包，购买全麦面包最好看清标志。

（5）喝咖啡有损人体健康

咖啡容易导致体内的钙质流失，但是只要在咖啡中加入牛奶就可以弥补这一不足了。事实上，咖啡对人体是有益处的，它能促使脑细胞兴奋，具有提神的功效。

早上起床后如果觉得尚未睡醒，头脑昏沉沉的，那就喝一杯咖啡吧，头脑会立即清醒过来。喝咖啡只要不过度、不上瘾，并加入牛奶再喝，并不会对人体的健康造成损害。

（6）喝矿泉水绝对可以放心

很大一部分女人说矿泉水中含有丰富的矿物质，对人体更有益。

但是矿泉水也会受到土地中有害物质（如汞和镉）的污染。

荷兰科学家曾对 16 个国家出产的 68 种不同品牌的瓶装矿泉水进行了分析，结果发现矿泉水更容易受到危险微生物和细菌的污染，其中蕴含的致病微生物要比想象中的多得多。尽管这些细菌可能并不会对健康人的身体造成太大的威胁，但对那些免疫力较弱的人来说，瓶装矿泉水中的细菌可能会造成相当大的危险。

（7）晚上吃东西会毁了好身材

假如这观点是正确的，那么地球上 99% 的人都会发胖。事实上，只有当你晚上吃得过多、过饱时才会发胖。假如晚上不摄入过多的卡路里，就不会产生超重的问题了。但是要注意，进食太晚，或是有吃夜宵的习惯，确实会加重胃的负担，很容易导致睡眠障碍。

（8）葡萄糖能使女人保持极佳的状态

虽然葡萄糖快速提供的"闪电能"可以使人短时间内头脑清醒、精神饱满，但这种能量会很快地被消耗掉，人甚至会感觉到比以前更饥饿。

（9）未喷农药的水果不用洗

即使是绿色水果，吃之前也要用水仔细地清洗干净。水果果皮上（如草莓、苹果）的虫卵是看不见的。倘若水果不洗净就吃，肠胃就容易受到细菌的感染。

（10）甜味剂有助于减肥

很多人都知道吃糖容易发胖，所以认为用甜味剂来代替糖分就可以帮助我们减肥了。但研究表明，所有甜味剂（尤指糖精）均会加速胰岛素的分泌，其结果是让你对糖更依赖。

（11）黄油比人造黄油卡路里高

黄油和人造黄油的卡路里含量是相同的。事实上，某些人造黄油制品的卡路里含量不但不比普通黄油低，而且其非饱和脂肪酸含量更高，更容易导致体内胆固醇水平的升高！

（12）沙拉对人体健康极为有益

大概是因为沙拉的卡路里含量低，因此为许多人所青睐。沙拉所含的水分多达80%，但实际上人体从沙拉中所摄取的养分也是很低的，不仅如此，大部分的女性并不宜吃太多的沙拉。因为通常女性的体质都偏冷，吃太多沙拉容易造成新陈代谢差，血液循环不好，经期不顺，皮肤没有光泽，甚至产生皱纹。此外，许多蔬菜的硝酸盐含量也都较高，这主要来源于种植蔬菜的肥料，其潜在危险不可小视。

（13）蜂蜜的热量低，有助于减肥

如果你寄希望于蜂蜜来减肥，那么你的希望往往就会落空。事实上，100克蜂蜜含有303卡路里的热量，100克糖含有399卡路里的热量，前者的热量仅略低于后者。不过，在钾、锌和铜的含量方面，蜂蜜的营养价值比糖高。

（14）深色鸡蛋比浅色鸡蛋营养价值高

深色往往是健康和营养价值高的代名词，但鸡蛋壳的颜色只与母鸡的品种有关。鸡蛋营养价值的高低完全取决于母鸡的健康状况以及每日所喂食饲料的质量。

（15）热带水果中的酶有助于瘦身

如果真是这样那有多好啊，我们只需要吃菠萝和木瓜体重就能降下来了。但事实上，热带水果所含的酶，具有支持蛋白质消化的

19

功能，使食物更好地为人体吸收，但身体的脂肪却不会被燃烧掉。因此，瘦身不能靠酶来实现。

（16）吃土豆容易发胖

很多人都把土豆当成容易发胖的食物，其实不然。土豆含有淀粉，但是它们的含水量高达70%以上，真正的淀粉含量不过20%，其中还含有能够产生饱胀感的膳食纤维，所以用它来代替主食不但不容易发胖，还有减肥的效果呢！土豆之所以被人们看成是容易发胖的食品，完全是因为传统的烹饪方法不当，把好端端的土豆做成炸薯条、炸薯片。一只中等大小的不放油的烤土豆仅含几千卡热量，而做成炸薯条后所含的热量能高达200千卡以上。令人发胖的不是土豆本身，而是它吸收的油脂，做过土豆烧牛肉的人都知道，土豆的吸油力是很强的。

（17）蔬菜生吃更健康

不少蔬菜生吃确实更健康，因为那样能最好的保留其中的营养。但生吃并不适合所有的蔬菜，如：土豆、豆角和茄子含有有毒的物质，务必烹饪煮熟后才能食用；胡萝卜含有丰富的维生素A，但人体只有在吃胡萝卜的同时摄入脂肪，才能从中获取足够的维生素A。

（18）红糖比白糖更有益

红糖和白糖都是由甘蔗或甜菜提取出来的，红糖的制作工艺较白糖稍微简单一些，其中所含的葡萄糖和纤维素也较多，而且释放能量较快，吸收利用率也更高。但是，红糖所含的糖分、热量几乎和白糖一样。而且，红糖的味道不如白糖那么甜，人们在喝茶和咖啡时自然而然就会多放些，所以其实红糖有时候比白糖更危险。

当今物质生活水平提高了，饮食不仅是为了自己的胃，还要对得起自己的嘴，更要对得起自己的身材和容貌。只要你能合理地调整你的饮食习惯，戒掉不健康的饮食观，适量地补充身体所需的各种营养，你就会拥有健康而美丽的容颜。

# 不要做媚雅的女人

媚雅的反义词是优雅。优雅，是一种高文化修养的表现，举止言谈时时处处都要显得很有格调，有品味，包括穿衣、表情、动作。

魅力的形成是后天可以装饰出来的，而内容需要积累，那是一种神韵与情致的结合。女人的魅力就是女人智慧的体现。对自身的定位，对自己生存状态的洞察力和分析力，对人生的领悟。对于女人来说，优雅的气质远比长相重要得多。那么怎样才算是一个优雅的女人呢？要知道，优雅女人一定具有如下的共性：

（1）自信

自信的女人是最美丽、最优秀的。做什么不一定要说出来，因为别人看得见，大肆宣扬反而让人觉得你不谦虚。聪明的人一直都是在夸别人，同时借别人之口宣传自己。还没有成功的事情不要总给别人希望，凡事要放在心里，自信可以表现在脸上，但是话还是要埋在心里。

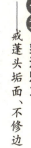

（2）微笑是最好的名片

微笑会让你留给人很深刻的第一印象。不要呆若木鸡，也不要笑得花枝乱颤。做不到笑不露齿，就轻轻上扬一下你的嘴角。

最重要的是你的眼睛，听别人说话或者跟别人说话时一定要正视着人家的眼睛，不要左顾右盼，因为女人的眼睛最能泄露她的内心。

（3）仪态大方

站一定要抬头挺胸收腹，不管在哪里，在哪种场合，只要是站就要保持这种姿态，长此以往就会形成一种习惯。如果你还不习惯，那就回家练习一下，脚跟、臀部，两肩、后脑勺贴着墙，两手垂直下放，两腿并拢作立正姿势站上个半小时候，天天如此，不相信你站不出那个效果来。

坐姿一定要雅。上身端正，臀部只坐椅子的三分之一，双腿并拢向左或向右侧放，也可以一条腿搭在另一条腿上，两腿自然下垂。但切记不能两腿叉开，更不宜跷二郎腿，因为，这样做的话很不"淑女"。

走路的时候抬头挺胸收腹，别总是低头想要捡钱。目不斜视，走出自己的气势，不要急步流星，也不要生怕踩了路上的蚂蚁，不快不慢，稳稳当当。臀部细微的扭动更显你的妩媚腰姿，但不要上身全跟着动，两手自然垂直，轻轻前后摇摆，但不是走正步，自然即可。

（4）智慧的头脑

不要被别人称作花瓶，否则只能一次性批发给婚姻或者零售做大款的"小蜜"，那真是女人的堕落。

女人要充分利用自己的头脑，多看书，培养自己的气质，即使你没有很高的文化水平，也要学习一门手艺，让自己在工作中得到乐趣，否则就只能做男人的附属品。

气质比容貌更重要，多看看书，培养自己做一个优雅的女人。

# 不要忽视化妆的作用

岁月无情，时间是摧毁女性娇容最残酷的杀手。谁也无法拦住时间的列车，也无法使自己的肌肤永远像少女一样娇嫩白皙。于是，用化妆来掩盖岁月之痕，便成为古今中外女性留住青春的重要手段。

人们常说："三分长相，七分打扮。"一个女人，如果不懂得利用化妆来演绎自己的风情和美丽，那真是一种遗憾，而如果一个女人太看重化妆而又不懂化妆，那就更让人惋惜了。

我们其实渴望自己是化不化妆都很美的女人。就是说，我们不能总是"一张不化妆的脸"，也不能总是"一张化着妆的脸"。那都太单调、太欠丰富。

女性在化妆时的表情和心情是最好的，抹眼影涂口红的瞬间，眼睛和身心都会因为美丽的层层实现而大放光彩。卸妆时则有卸下束缚的放松感和自由感带来的美丽。

女人身上总有一场看不见的"化妆"与"素面"的争论，她们在比较谁更漂亮。此时的女人一定会站在"素面"一边，因为女人在无意识中都希望自己化妆前比化妆后更美丽。实际上这种美化了"素面"不输给"妆面"的心理会成为一种能量在每晚鼓励着女人，使"素面"真的会增添些美丽，而不怕年龄的增长。不久后，女人又希望用化妆使"素面"的美丽增倍，渐渐地，随着化妆技巧的提高，"妆面"也变得更美了。

"素面"与"妆面"来回交替的过程中，女人变美了，这就是化妆真正应达到的效果。因此，女人谨记，千万不要成为"永远不识真面目的女人"或"永远不化妆的女人"中的任何一种。

有一位化妆师，她是真正懂得化妆、又以化妆闻名的。

一次，有人问她："你研究化妆这么多年，到底什么样的人才算会化妆？化妆的最高境界到底是什么？"

对于这样的问题，这位百媚千娇的化妆师露出一个浅浅的微笑。她说："化妆的最高境界可以用两个字形容，就是'自然'，最高明的化妆术，是经过非常考究的化妆，看起来好像没有化过妆一样，并且这样化出来的妆与主人的身份匹配，能自然表现那个人的个性与气质。次级的化妆是把人突显出来，让她醒目，引起众人的注意。拙劣的化妆是一站出来，别人就发现她化了很浓的妆，而这层妆是为了掩盖自己的缺点或年龄的。最差的一种化妆，是化过妆以后扭曲了自己的个性，又失去了五官的协调。"化妆师又继续说，"这不就像写文章一样？拙劣的文章常常是词句的堆砌，扭曲了作者的个性。好一点的文章是光芒四射，吸引了人的视线，让别人知道你是在写文章。最好的文章，是作家自然的感情流露，不是堆砌，读的时候不觉得是在读文章，而是在读一个生命。"

多么有智慧的女人呀！

"化妆的人不只是在表皮上做功夫。"化妆师说，"化妆对女人来说只是最末的一个枝节，它能改变的事实很少。深一层的化妆是改变体质，让一个人改变生活方式。睡眠充足、注意运动与营养，这样她的皮肤改善、精神充足，比化妆有效得多；再深一层的化妆是改变气质，多读书、多欣赏艺术、多思考、对生活乐观、对生命有信心、心地善良、关怀别人、自爱而有尊严，这样的人就是不化妆也丑不到哪里去，脸上的化妆只是化妆最后的一件小事。用三句简单的话来说明，三流的化妆是脸上的化妆，二流的化妆是精神的化妆，一流的化妆是生命的化妆。"

要使女人的容颜鲜艳明媚，需要一些技巧。

（1）粉底别打得太厚

年轻最重要的标志是能素面朝天。30～40 岁的女人是走在年轻边缘的女人，厚厚的粉底会突显老态，因此妆扮时应选择稍有遮盖力的液体粉底，用以打造面部底色，突出妆面的素净感觉和迸发活力。

（2）只画上眼线

眼线的年轻化修饰，通常是只画上眼线，且保持眼线光滑圆润。操作时，最好用右手持眼线笔，左手轻轻掀起或向上撑开上眼皮，由外眼角往内眼角描画。描画时，需一点一点地移动，并保持线条光滑圆润，这样才会让眼睛看起来水灵、有朝气。

（3）亮色粉底，提亮黑眼晕

女人的眼部是最早衰老的。如果眼睛下方出现黑眼晕，会让魅力大打折扣。这时，抹一点比肤色稍亮的粉底，会为肌肤提亮不少，

第一章 塑造魅力
——戒蓬头垢面、不修边幅

让人一时猜不出你的年龄。

（4）巧画眉形凸显年轻

若想有一双年轻漂亮的眼睛，光描画眼睛是不够的，修饰眉毛也是一大关键。现如今，高挑细眉已不再吃香，较粗、而眉梢处略略上扬的眉型最能给人自然的感觉。如果你仍嫌不够，想再时尚一些，不妨刷上一些深色的眼影粉，保准效果一流。

（5）唇妆靓丽要多修护

重眼妆不重唇妆的形象，可以令年纪稍长的女人在成熟的魅力下隐隐透着年轻的活力。当然，我们所说的"唇妆不要太重"，只是指唇妆要色淡，趋于自然。这时，一抹略深的肉色就足矣。但如要造就娇唇欲滴的感觉，别忘了再在唇膏上涂上一层修护油。要么，一抹略带粉色的唇彩也能达到同样的效果。

（6）年轻态腮红，用蝌蚪形说话

腮红不应是涂鸦，想有年轻态的腮红更要花些工夫。一般地，40岁的女人宜以接近肤色，略带润红效果的颜色为最好。而淡淡的粉色应该是最有说服力的。操作时，先蘸取少许腮红，将腮红刷上的干粉轻轻抖落在手背上，再刷上脸。具体的修饰部位应在颧骨与颧弓之间。切忌打得太生硬或太深。蝌蚪形的腮红形状会让你显得更年轻。

漂亮得体的妆容，可以让你淋漓尽致地展现自己的魅力和风采，掩藏你的年龄，帮你重现青春光彩。

# 忽视呵护，就不会有娇嫩的肌肤

　　肌肤是世界上最禁不起岁月考验的：二十岁之前光鲜柔嫩无比，爽滑得犹如绸缎，"肤若凝脂"、"冰肌雪肤"，或许曾是往日最大的骄傲与资本，即使不如此，光滑有弹性的皮肤却也到处张显青春的美丽；三十岁却开始暗淡了，犹如皎月蒙上了一层暗淡的云彩，尽管皎月依旧，却没有了往日的光芒与亮丽；四十岁以后就开始褪色了，犹如一块鲜艳无比的布，经过多次洗涮，已褪掉初始的鲜亮，全无当日的神采。

　　道理虽是如此，但如果我们能够精心呵护、细心保养，即使是饱经岁月磨砺的肌肤，依旧可以重新焕发出青春的光彩。

　　在这之前，我们可能是延续以前的护肤方法，以清水洗脸，简单地涂抹一些润肤霜。那么从现在开始我们要牢记，一定要用正确的方法小心呵护肌肤，千万不要因为嫌麻烦而放弃。哪怕只是偷懒一周，以后可能会后悔几十年。

　　我们的肌肤首先需要进行以下几项修补工程：

　　购买至少一套基础护理的产品，做好皮肤的基础保养，一定要养成完全卸妆及彻底清洁面部和颈部皮肤的习惯，以防止毛孔被堵塞而变得粗大和潮红、粗糙，让肌肤在一天的疲劳后通畅。同时在高效保湿和美白上要特别的注意，对受损的肌肤开始重新护理。

第一章　塑造魅力
——戒蓬头垢面、不修边幅

27

停止使用磨砂洗面奶。女人的皮肤抵抗力本来就比较脆弱，如果再天天使用磨砂洗面奶，使皮肤表层变薄，皮肤会变得过于敏感，但是如果长期不清除面部新陈代谢遗留下来的角质层，那会使皮肤变得油腻，不光滑，无法吸收营养。因此，也要做好去角质的保养工作，每周可做2～3次去角质的按摩，这样可以促进血液循环，加速皮肤新陈代谢，使皮肤湿润而富有弹性，防止面部肌肤下垂。

使用隔离霜来保护皮肤免受外界空气污染等不良因素的影响，外出时，一定要做好防晒工作，比如在外露于阳光的部分涂抹防晒霜，打遮阳伞等等。避免紫外线对皮肤造成的伤害。

女人要给自己的肌肤多一分呵护，让其充满活力，保持弹性，毕竟皱纹和皮肤松弛、老化不是一两天就形成的，它是一个从量的积累到产生质变的过程。在以上修补工作的基础上，我们还可以做一些更深入的保养工作，保湿、防皱、美白一样都不能少。

保湿实际上就是给干燥的肌肤补充水分。补水可以有两种渠道：内补和外补。内补就是直接喝水。一般的凉白开、纯净水、矿泉水、果汁、水果等都可以。正常情况下，每天饮用1.5毫升的水即可维持皮肤含水量的平衡，保持新陈代谢的正常运转。每天的饮水应当分布在不同时段，早上空腹喝一杯水是必需的，这不但可以补充夜间水分的流失，也有助于排除体内积聚的毒素，具有清洗肠胃的作用。一天的饮水时间可根据自身情况而定。外补就是要让皮肤直接吸收水分，每次洗脸后可以先不要擦干，用手轻拍脸部皮肤，一方面可以促进皮肤吸收水分，另一方面可以促进血液循环，保持皮肤的光泽红润。几分钟后用毛巾擦干，再轻拍上一些爽肤水、化妆水，加以按摩，让皮肤充分滋润。

　　尽管我们可以做如此种种的保湿、滋润、清洁工作，但岁月仍会在我们的身体上留下痕迹，我们能做的也仅仅是延缓它到来的时间和它影响的程度。而这也足以让爱美的女人们趋之若鹜。换个角度想一想，也是啊，既然这些材料是我们唾手可得的，又能有一定的功效，为什么不试一下呢？

　　祛皱饮食秘方：

　　（1）米饭团去皱

　　当家中香喷喷的米饭做好或饭后有剩余的米饭时，挑些比较软的米饭揉成团，放在面部轻揉，把皮肤毛孔内的油脂、污物吸出，直到米饭团变得油腻污黑，然后用清水洗净脸部，这样可使皮肤呼吸通畅，减少皱纹。

　　（2）猪皮去皱

　　皮肤真皮组织的绝大部分是由具有弹力的纤维所构成，皮肤缺少了它就失去了弹性，皱纹也就聚拢起来。猪皮及猪的软骨中含有大量的硫酸软骨素，它是弹性纤维中最重要的成分。把吃剩的猪骨头洗净，和猪皮放在一起煲汤，不仅营养丰富，常喝还能延缓皱纹生成，使肌肤细腻。

　　（3）猪蹄去皱

　　用猪蹄数只，洗净后煮成膏状，晚上睡觉时涂于脸部，第二天早晨再洗干净，坚持半个月会有明显的去皱效果。

　　（4）水果、蔬菜去皱

　　香蕉、西瓜皮、西红柿、草莓、黄瓜等瓜果蔬菜对皮肤有最自然的滋润作用，去皱效果良好，平时应多食用，又可制成面膜敷面，

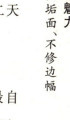

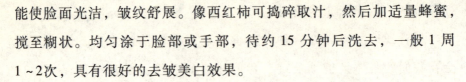

能使脸面光洁，皱纹舒展。像西红柿可捣碎取汁，然后加适量蜂蜜，搅至糊状。均匀涂于脸部或手部，待约 15 分钟后洗去，一般 1 周 1~2 次，具有很好的去皱美白效果。

（5）茶叶去皱

茶叶含有多种丰富的化学成分，其中主要有茶多酚类、芳香油化合物、碳水化合物、蛋白质、多种氨基酸、维生素、矿物质及果胶等，是天然的健美饮料，除增进健康外，还能保持皮肤光洁，延缓面部皱纹的出现及减少皱纹，还可防止多种皮肤病，但要注意不宜饮浓茶，尤其是睡眠质量不高，神经衰弱者。

曾经，我们的皮肤娇嫩如盛开的鲜花，光洁如一块极品的玉，吹弹可破，总之用什么语言形容都不为过。但时间如同一个魔鬼，非要拿走女人们的这些外在资本，赋予女人另外一些东西。于是，智慧的女人们千百年以来与皱纹、衰老进行抗争，为保卫属于女人自己的东西而努力。一个个光鲜靓丽的女人诞生了，如掉落尘世的精灵，是人世间的尤物，成为五彩缤纷的世界里最亮丽的那道颜色。

# 没有独特，就没有魅力

有的女人长得很漂亮，从五官到肤色，你几乎挑不出什么毛病，可又总让人觉得缺一点什么。缺什么呢？缺的是属于她自己的独特魅力，缺的是从芸芸众生中让人一眼认出来的外在的、内在的标志。

吕燕是一位职业模特，但是按中国人的大众审美标准，她长得有一点丑，这让她极度自卑。一个偶然的机会一位法国时装公司的老板发现了她，力邀她到欧洲发展。当她说出自己对相貌的担心时，那位老板连连摇头："不，不，你一点也不丑，你长得很有特点，很有魅力。"

正是这种特点和魅力成就了吕燕世界名模的辉煌之路。

其实，一般意义上的"美丽"、"漂亮"只属于少数幸运女性。对大多数女人而言，你只能算"一般人"。不要紧，你完全没有必要做手术、花巨资打造一张本不属于你的脸。上帝是公平的，即使它没有给你过人的美丽，也一定给予你区别于他人的独特之处。保持、凸显这独特之处，你照样拥有了光彩照人的一面。

索菲娅·罗兰是一位世界巨星，但她的成名之路却频遇坎坷。

通过选美这个阶梯，罗兰跨入了向往久已的电影界。罗兰的第一个角色是在《君往何处》中扮演奴隶女孩。

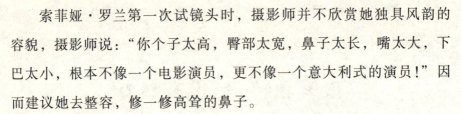

索菲娅·罗兰第一次试镜头时，摄影师并不欣赏她独具风韵的容貌，摄影师说："你个子太高，臀部太宽，鼻子太长，嘴太大，下巴太小，根本不像一个电影演员，更不像一个意大利式的演员！"因而建议她去整容，修一修高耸的鼻子。

罗兰断然拒绝了这些人的要求，她说："我从来就没有打算改变鼻子的形状。需要改一改的倒是他们自己，我的脸不漂亮，可挺有特色。"

从那时起，索菲娅·罗兰就决心不靠外貌而是靠自己内在的气质和精湛的演技来取胜。她非常注重内在的修养，并且认为只有内在的东西才是永久不变的。罗兰清醒地认识到："成功要靠自己的努力去争取。"为此，拍片之余，她去意大利电影实验中心攻读表演。当时，人们并没有注意这位大眼睛、长腿、细腰，脸带愁容的姑娘，但她仍兢兢业业地在影片中演些小角色。

索菲娅·罗兰在母亲的帮助下，四处寻找上戏的可能。这段时间，罗兰不时谎称自己会说英文、会游泳而争取角色，结果惹出不少笑话。1953 年，她终于在歌剧影片《阿伊达》中饰女主角，表演十分投入。

意大利极有经验的导演卡洛·庞蒂发现了她，觉得她是个天生的艺术家，因为在她的表演中总是释放出某种内在的真情实感，使人陶醉。

但是，庞蒂也建议她减肥，并且说："如果你真想干这行，得把鼻子和臀部'动一动'。"那时的罗兰虽说年纪尚轻，却倔强地拒绝了，庞蒂毫无办法。

于是，卡洛·庞蒂让她相继在自己执导的《海底的非洲》、《阿伊达》等影片中担任角色。由于从小在艰苦环境中的磨炼，索菲娅·罗兰也学会了抗争，她那种喜怒无常和情感奔放的表演方式逐步成为她的特点，连庞蒂都说，当她演情绪激动的场面时，就像精神病患者要被送进医院。罗兰的表演日趋成熟。终于在影片《那不勒斯的黄金》一片中，成功地扮演了一位脾气暴躁又俗不可耐的泼妇，引起人们的关注。

出色的演技终于为罗兰赢来了无数奖项。1961年，罗兰在德·西卡执导的影片《两妇人》中，成功地扮演了一位在战乱中因保护女儿免遭侮辱而心力交瘁的母亲，从而荣获同年奥斯卡最佳女主角奖。接着，罗兰又与德·西卡拍摄了影片《昨天，今天和明天》。此片上映后，一炮打响，获奥斯卡最佳外语片奖。

从此，罗兰来往于美、英、法、意之间，成为"在混乱中诞生的一颗巨星"（卓别林语）。几部有影响的影片演完后，罗兰在影坛的名声进一步确立。

1994年，罗兰又与马尔切洛·马斯特洛亚尼合作主演《成衣》，影片中罗兰依然充满着野性美的魅力，她的表演也更加精湛、更加炉火纯青。

在坚定的意志和锲而不舍的执著面前，丑小鸭终于变成了白天鹅！

此时的人们开始认同索菲娅·罗兰的容貌，认同她身上那种不羁的野性之美。她被观众评为"欧洲最美丽的女演员"。

苛刻一点讲，此时的罗兰仍算不上什么第一眼美女。但这位在意大利南方成长起来的女郎，经过地中海热烈奔放的季风打磨后，轮廓鲜明的脸上依然保持着一张坚韧不屈的嘴唇。她的美是敞亮而明艳，一发而不可收拾的。她用曲线迎接全世界的审美，如同热情的太阳能在任何地方都能放射出热力。

同样是这个索菲娅·罗兰，曾被百般挑剔的她，如今，人们反以她的美为标准。她很显然地成为一个巅峰，一个她经她个人努力奋斗而创造出来的颠峰。

索菲娅·罗兰给所有羡慕别人的美丽、不断寻求改变自己的女性上了生动的一课：做独特的自己，做自信的自己。

# 第二章

# 抛开阴影——戒活在别人的价值观里

累与不累，主要取决于自己的心态。快乐与不快乐，就看你是否学会了戒掉。戒掉，是一种生活的智慧。戒掉，是一门心灵的学问。树木，把枯黄的落叶戒掉，期待下一个美丽的春天。天空，把灰色的云翳戒掉，才有一个灿烂的晴空。心灵，把沉重的郁结戒掉，就有一个幸福、快乐的人生。扫地除尘，能够使黯然的心变得亮堂；把事情理清楚，才能告别烦乱；把一些无谓的痛苦抛开。人生在世，有些事情是不必在乎的，有些东西是必须清空的。该戒掉时就戒掉你才能够腾出手来，抓住真正属于你的快乐和幸福！

# 戒除嫉妒,避免伤害

　　嫉妒是一种负面心理,如果放任其发展下去,很可能对你产生消极的影响。嫉妒被心理学家称做是一把"双刃剑",因为多数情况下,由于嫉妒心的作用在做事过程中都会伤害双方,所以历来的文学家们都用妖魔或病蛊来形容它,莎士比亚说得很确切:"嫉妒是绿眼的妖魔,谁做了它的俘虏,谁就要受到愚弄。"

　　嫉妒是一种破坏性因素,对生活、人生、工作、事业都会产生消极的影响,正如培根所说:"嫉妒这恶魔总是在暗暗地、悄悄地毁掉人间的好东西。"

　　荀况曾经说过:"士有妒友,则贤交不亲;君有妒臣,则贤人不至。"嫉妒是人际交往中的心理障碍,它会限制人的交往范围,压抑人的交往热情,甚至能化友为敌。

　　嫉妒破坏友谊、损害团结,给他人带来损失和痛苦,既贻害自己的心灵,又殃及自己的身体健康。

　　其实,嫉妒对个人来说,是一种十分痛苦的情绪体验。由于人们都知道嫉妒心是一种不好的心理,因而一般都羞于启齿。因此,只能深深地隐藏于自己的内心,这种阴暗的心理必然使人陷入痛苦和烦恼之中。心理学家告诉我们,一个人如果长时期处在这些不良的消极因素影响下,就会产生各种各样的疾病,如胃病、高血压、头痛、十二指肠溃疡等,都与人的精神状态有着千丝万缕的联系。

嫉妒心太强的人不能容忍别人超过自己，害怕别人得到他所无法得到的名誉、地位，或其他一切他认为很好的东西。在他们看来，自己办不到的事最好别人也不要办成，自己得不到的东西别人也不要得到。显然这是极其阴暗龌龊的心理。

　　嫉妒的害处很大，对于嫉妒者本身来说，它是本质上的疵点。一个人一旦受到嫉妒情绪的侵袭，往往会头脑糊涂，停步不前，甚至丧失理智，处处以损害别人来求得对自己的补偿，以致干出种种蠢事来。好嫉妒者由于经常处于所愿不遂的嫉妒情绪煎熬之中，其心理上的压抑和矛盾冲突所导致的劣性刺激，可使神经系统功能受到严重影响。

　　张洁与李岚是两个同龄的女人，同为一家公司的职员，同在一个宿舍生活。在公司里，她们两个人是形影不离的好姐妹。张洁活泼开朗，李岚性格内向，沉默寡言。在工作中，人们目光更多地投到了张洁的身上。李岚逐渐觉得自己像一只丑小鸭，而张洁却像一位美丽的公主，心里很不是滋味，她认为张洁处处都比自己强，把风光占尽，因为这样，李岚的心理渐渐失衡，一股嫉妒心理在强烈地滋生。她时常以冷眼对张洁。一天，张洁参加了公司组织的服装设计大赛，并得了一等奖，李岚得知这一消息先是痛不欲生，而后妒火中烧，趁张洁不在宿舍之机将她的参赛作品撕成碎片，扔在张洁的床上。她俩因这件事终于反目成仇。

　　由此看来，嫉妒的情绪继续发展下去，必然要伤害他人。

　　心理学家指出，嫉妒是一种恨，这种恨使人对他人的才能和成就感到痛苦，对他人的不幸和灾难感到痛快。他们不是在自己的成就里寻找快乐，而是在别人的成就里寻找痛苦，所以他们自己的不幸和别人的幸福都使他们痛苦万分。

嫉妒者总是与别人攀比，看到别人比自己优秀就眼红，就会产生焦虑、不安、不满、怨恨、憎恨。他们情绪极端不稳定，易激怒、爱感情用事、反复无常、自制力极差，一次次的痛苦循环，使得心理负荷越来越重，终日被自己的嫉妒所折磨、撕裂、噬咬，使得嫉妒者内心苦闷异常。

嫉妒者怀着仇视的心理和愤恨的眼光去看待他人的成功，而自己却在这种不良的情绪中受到极大的心理伤害。

嫉妒心强的女人，一般自卑感较强，没有能力、没有信心赶超先进者，但却又有着极强的虚荣心，看到一个人走在他前面了，她眼红、痛恨，她埋怨、愤怒……因而便想方设法去贬低他人，到处散布诽谤别人的谣言，有时甚至会干出伤天害理的事情来。这样做的结果，不但伤害了别人，同时也降低了自己的人格，毁掉了自己的荣誉。

嫉妒心强的女人，时时刻刻绷紧心上的一根弦，时刻处于紧张、焦虑和烦恼之中。她们不能平静地对待外部世界，也不能使自己理智地对待自己和他人。她们对比自己优秀的人总是怀着不满和怨恨之情，对比自己差的人又总是怀着唯恐其超过自己的恐惧之心。

嫉妒会让女人一生碌碌无为。嫉妒的受害者首先是嫉妒者自己。

嫉妒者经常处于愤怒嫉恨的情绪中，势必影响自己的学业、工作和生活。自己不上进，恨别人的上进；自己无才能，恨别人有才能；自己无成就，恨别人获得了成就。嫉妒者的光阴和生命就在对他人的怨恨中毫无价值地消磨掉，到头来两手空空，一事无成。

俗话说："世上本无事，庸人自扰之。"嫉妒者都是庸人，自己给自己制造烦恼、痛苦和思想包袱；自己给自己制造"敌人"，树立对立面；自己给自己制造不平静，所以，嫉妒者都是无事生非和无事自扰的庸人。

德国谚语说得也很妥帖："嫉妒是为自己准备的屠刀"，"嫉妒能吃掉的，只是自己的心。"翻一翻历史，哪一个嫉妒者有好下场：隋炀帝因嫉才妒能，招致群臣离心离德而覆亡；杨秀清因权欲熏心，嫉妒洪秀全和众亲王，想夺天王之位，最后被杀；梁山泊的第一任寨主王伦嫉妒晁盖、吴用而灭身……

所以，聪明的女人意识到自己有了嫉妒之心就会立即刹车，打消损人的恶念，把嫉妒心转化为向他人学习的动力，努力追赶上去，这样才会创造出令人羡慕的业绩。

嫉妒是人生中一种消极的负面情绪，更是损坏人们身心健康的一大罪魁祸首；嫉妒还是人际交往中的心理障碍，它不仅容易使人们产生偏见，还能影响人际关系。所以，女人要正确看待嫉妒心理，积极地对它进行矫正。

# 戒除攀比，摆脱虚荣的怪圈

攀比，是人的一种天性。一个人有思维，必定有思想。看到人家好，人家强，凡夫俗子哪能不心动？就算是得道高僧，也要三声"阿弥陀佛"，才能镇住自己的欲望和邪念。

在这个世界上，大多数的女人，都会穷其一生地把自己的目光

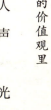

集中在其他女人身上，明里暗里与其他女人进行无休无止的比较，从身材到容貌，从工作到家庭，从老公到孩子，从房子到车子，甚至从手到脚，从鼻子到眼睛……这些"愚蠢"的比较使得很多女人陷入失落、困惑和自卑的漩涡中无法自拔。

这世间，有的人家财万贯、锦衣玉食；有的人仓无余粮、柜无盈币；有的人权倾一时、呼风唤雨；有的人抬轿推车、谨言慎行；有的人豪宅、香车、娇妻样样有；有的人丑妻、薄地、破棉衣……一样的生命不一样的生活，常让我们心中生出许多感慨。

看看别人，比比自己，生活往往就在这比来比去中，比出了怨恨，比出了愁闷，比掉了自己本应有的一份好心情。

生活的差别无处不在，而攀比之心又难以克服，这往往给人生的快乐打了不少折扣。但是，我们能否换一种思维模式，别专拣自己的弱项、劣势去比人家的强项、优势，比得自己一无是处，那样多累。要把眼光放低一点，学会俯视，多往下比一比，生活想必会多一份快乐，多一份满足。正如一首诗中所写："他人骑大马，我独跨驴子，回顾担柴汉，心头轻些儿。"再说骑大马的感觉也并不一定就是你想象的那么好，也许跨着驴子，优哉游哉，尚能领略一路风光，更感悠闲、自在。

有一妇人，年轻的时候，心善貌美，贤惠能干，可嫁人十年，就"克死"了三个丈夫，当年一双水灵灵的眼睛硬是被泪水泡得混浊痴呆。当她的第三个丈夫撒手而去的时候，她誓不再嫁！她拉扯着第三个丈夫留下的儿女守寡至今，现在已经六十多岁了。几十年来村子里的人压根儿就没见她笑过。大家同情她、可怜她，说她命真苦。可就是这么个命苦的人，养的一儿一女却意外的争气，双双考取名牌大学，并都在京城成家立业。两兄妹亲自开着轿车回来，把母亲接到北京。那会儿，老人僵硬的苦脸上终于露出了欣慰的笑颜，乡亲们也第一次向老人投去羡慕的眼光。大家都感慨地说，真是苦到了尽头。是啊，也许这就是生活，有苦有甜，有悲有喜，有山穷水尽之时，也有峰回路转之日。

这一如自然界中，常青之树无花，艳丽之花无果；雪输梅香，梅输雪白。

人比人，比什么？

其实人比人并不会气死人，如果可以客观地比较，结果肯定是比上不足、比下有余。对于任何一个人来说，都是如此。而会气死人的，只是因为拿自己的缺点跟别人的优点比较，却忽略了自己的优点，比别人差的地方看得很重，比别人好的地方觉得很普通，甚至忽略看不到。有人会说，人怎么可以跟比自己差的人比呢？要比，当然是跟比自己好的人比了。这听起来是很积极的心态，好像是在向好的学习，看到不足，然后加以改善，不好吗？当然，如果是这样的心态，当然是很好，但问题是，有人往往看到别人比自己好的地方之后，并不是开始好好学习和努力，而是不断地埋怨自己，甚至认为自己一无是处。

事实上，因人比人而生气的人，往往是因为自身的性格和心理上的问题，使自己产生了自卑的心态。跟心理医生谈谈，才可以更好地了解自己为什么会产生自卑（人比人气死人）的心态。

人生是一个由起点到终点、短暂而漫长的过程。在这个过程中每个人所拥有和承受的喜怒哀乐、爱恨情仇大致都是相等的。这既是自然赋予生命的规律，也是生活赋予人生的规律，只不过我们享

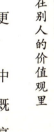

用、消受的方式不同。这不同的方式，便演绎出不同的人生。于是，有的人先苦后甜；有的人先甜后苦；有的人大喜大悲，有起有落；有的人安顺平和，无惊无险；有的人家庭不和，但官运亨通；有的人夫妻恩爱，却事业受挫；有的人财路兴旺，但人气不盛；有的人俊美娇艳，却才疏德浅；有的人智慧超群，可相貌不恭，正如古人说"才子而美姿容，佳人而工著作，断不能永年者"。

生活中有些人羡慕那些明星、名人，羡慕他们日日淹没在鲜花和掌声中，名利双收，以为世间苦痛都与他们无缘。

名导谢晋的一个儿子是弱智；美国前总统里根曾几度风光，晚年却备受不孝逆子的敲诈、虐待；戴安娜如果没有魂断天涯，几人知道她与查尔斯王子那场"经典爱情"竟是那般糟糕……

俗话说，人生失意无南北，宫殿里有悲哭，茅屋里有笑声。

只是，平时生活中无论是别人展示的，还是我们关注的，总是风光的一面，得意的一面。这就像女人的脸，出门的时候很多都光艳亮丽，这全都是给别人看的。回到家后，一个个都素面朝天，这就难怪男人们感叹："老婆还是别人的好。"于是，站在城里，向往城外；而一旦走出围城，就会发现生活其实都是一样的，有许多我们一直很在意的东西，较之别人，根本就没有什么可比性。

有位哲人说过，与他人比是懦夫的行为，与自己比是英雄。这句话乍一听不好理解，但细细品味，却也有它的道理。

心理失衡，多是因为选择了错误的比较对象，总与比自己强的人比，总拿自己的弱点与别人的优点比。如果能够我行我素，不去比较，实在要比的话，就把和自己处于同一起跑线上的人当做比较对象，那生活中可能会少一些烦恼，多一片笑声。

生活有许多不如意，大多源自比较。一味地、盲目地和别人比，造成了心理不平衡，而不平衡的心理使人处于一种极度不安的焦躁、矛盾、激愤之中，使人牢骚满腹，思想压抑，甚至不思进取。表现在工作上就是得过且过，更有甚者会铤而走险，玩火烧身。因此，我们必须保持心理平衡。

# 戒除自卑，绕过人生的陷阱

自卑是一种消极的心理状态，它不是凭空出现的，并不是指客观上看来自己不如别人，而是主观上认为自己不如别人，认为自己不够好。在你身边，是否有这样的女人，她们经常感叹自己不够好，别人都比自己好；一件衣服，穿在别人身上很好看，但是穿在自己身上即使很合身，也不如别人穿着好看。这就是自卑心态的消极作用。

自卑是女人自尊、自爱、自励、自信、自强的对立面，它严重影响女人身心的健康发展。万事万物都存在瑕疵，由于自己在某方面存在缺陷就妄自菲薄，这样的女人只会在自卑的泥淖里越陷越深。

其实，每个女人于不同的时期，都会产生程度不同的自卑心理。

自卑的心态就像一条啮噬心灵的毒蛇，吸食女人心灵的新鲜血液，还在其中注入厌世和绝望的毒液。

在人生崎岖的道路上，自卑这条毒蛇随时都会悄然地出现，尤其是当人劳累、困乏、迷惑时，更要加倍的警惕。偶尔短时间地滑入自卑的状态是很正常的现象，但长期处于自卑之中就会酿成一场灾难了。自卑的根源在于过分低估自己或否定自我，过分重视他人的意见，并将他人看得过于高大，而把自我看得过于卑微。

只有控制住自卑心态，人们才敢于积极进取，成为一个有主动创造精神的人；才能开拓事业的新局面，为成功打下坚实的基础；也才会有积极的人生态度，活得开朗、开心；才会勇于承担责任，成为一个有责任心的人。而任何一个在事业上有所作为的人，都是有责任心的人。只有摒弃自卑，才会在平时积极思考；才会积极跨越各种各样障碍，成为一个不怕困难的人；才会积极主动地去结交新朋友，改善和老朋友的关系。

自卑所造成的问题是不论你有多么成功，或是不论你有多么能干，你总是想证明自己是否真的是多才多艺。换言之，很多人都倾向于为自己设定一个形象，而不肯承认真正的自我是什么。

相貌是先天的，我们无法为自己选择，但我们不能因为相貌微瑕就为此失去自信，世上的事都不是绝对的，有些外表不美但智慧美、心灵美的女人同样可以以其精神面貌成为强者。

哲人说，自卑是人冲出逆境的绊脚石，自卑是自己为自己设置的障碍，不想受到自卑的影响，女人要正确看待自己。

正如卡耐基先生所说："发现你自己，你就是你。记住，地球上没有和你一样的人……在这个世界上，你是一种独特的存在。你只能以自己的方式绘画。你的经验、环境、遗传造就了你，不论好坏与否，你只能耕耘自己的小园地；不论好坏与否，你只能在生命的乐章中奏出自己的发音符。"

女人对自己要有一种接纳的态度，而且应是一种愉快而满意的接纳。也就是说，对自己的容貌、声音、家事等要有正确的认识，并欣然地接受。你只需和自己的以前比，现在比，并为获得未来更加美好的生活不断努力。

# 戒除在购物上浪费过多时间

女人闲时，约上几个要好的朋友，去超市，去时装店，看见美丽的衣服，渴望拥为己有，遇到促销打折的活动，迫不及待地抢购，或者在情绪低落的时候，一些女人也会去选择购物，买一大堆有用或无用的东西，直到精疲力竭。事后才发现，买回来的很多东西，根本用不上穿不着，还白白浪费了大量的时间与金钱。

如果你一个月消遣时间的 1/2 是在商场徜徉，如果你多次为自己买的东西而后悔，如果你认为购物是慰劳自己的最好方法，如果你经常在不需要某种商品时也非要购买它，如果你买不到想要的某种商品就难以忍受，如果你有多次薪水入不敷出的情况，如果你经常发现自己购买的东西被你置之不理……

如果真是这样的话，你基本上已经成了购物狂。你将很不幸地为此付出大量的金钱以及自己的沮丧情绪、你将很不幸地成为购物的奴隶。

女人天生爱购物，是主要的消费对象。有些女人虽然经常购物，

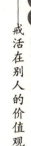

却经常发现买回来的好多是无用的或者是可买可不买的东西。

她们一个星期至少要跑超级市场两到三次，有的人还要更多。持续不停地花掉更多的时间、金钱和精力去买那些远超过她所需要的东西，而她最后也丢弃了很多的东西，原因是她常在行动之中，买下很多她不需要的东西。

另外，因为没把金钱安排好，所以她们的经济很拮据，虽然收入颇丰，却往往没有多少积蓄。

其实，发现自己有这种盲目购物的倾向时，不用着急，你可以做的是：

在商店里闲逛时，不要无目的购买，要在走出家门的时候，压抑购买欲，把所需的东西列好之后，到商店迅速找到目标购买。

如果说，广告是女人的购物导向，这一点都不过分，因为女士从买化妆品到用品都爱跟着广告走，如果说起大众化心理的话，女人不知要比男人胜几倍，要改变这个习惯也很容易，先要改变你的购物习惯。

对许多人来说，购物根本是个没什么大不了的习惯。不过，要改变一个习惯，最好的方法，还是要用另一个行为来代替才行。打个比方，去散步、找朋友聚会、去图书馆或冲个冷水澡，任何可以阻止你冲动购买的事情，都可以是有效的方法。或许，刚开始时你会有一种被剥夺了逛街乐趣的感觉，最后，当你不再被自己强迫着要去逛街、购物，你一定会有一种无法形容的解脱感。

运用同伴来帮助你。如果有些东西，是你真正觉得必须要买的，找一个了解你购物习惯的朋友和你一起去，最好这个朋友可以体谅你的购买欲，而且可以帮助你改变购买习惯。当你们逛街时，让你的朋友随时警戒你的购买行为，因此，你只能买你真正需要的东西。不过，要确定的一点是：你要挑对朋友。互相注意彼此的购买行为，避免买到一些不需要的东西。

练习用一种挑剔、偏激的眼光，来看待任何广告。这是对购物狂的最好训练，一旦这种训练在生活中渐渐淡去时，你必须重新开始，让自己跟广告保持敌意。否则，你又中了广告商的计了。

除却购物，你可以做的事情还有很多。你可以重拾那被遗忘在角落里的书，一篇散文，或一部经典的小说，再次领略白纸黑字的魅力。你可以约几个朋友，喝一杯随意的下午茶，聊聊工作，想想往事，为往事干杯，为明天祝福。

在心情不好的时候，你可以买一张火车票，到附近的农庄去散散心，远一点的，你可以去爬爬山，既锻炼身体，又可以发泄郁闷，还可以扩大自己的视野，何乐而不为？将购物时间消减一半，你真的还有许多更好的事情可以做，既不会浪费，还可以提高性情。

# 戒除奢侈

女人对生活元素争论最多的莫过于"奢侈"，尤其是白领。传统女人认为，奢侈是浪费，是过分享受；新生代女人却认为，奢侈是时尚，奢侈创造财富。

很多新生代的白领女性，年轻、时尚、自信，唯美、成功，她们挣的不少，花的更多，不断追求奢侈的生活，享受着常人看起来近乎浪费的生活方式。

奢侈的关键词：名牌服装

白领王玲平时工作很紧张，又没有特别的嗜好，更没有家庭负担，平常就喜欢逛逛街买些衣服、饰物啊什么的，特别是碰到不开心的时候，她就会用疯狂购物来舒缓压力，买了也不后悔，从来没有什么"值不值"的感觉。作为白领女性，她认为她有足够的实力去享受生活给予她的一切。

名牌是商业社会中某种力量的体现。她觉得商品具有什么功能，已经不再那么重要了，更重要的是如何体验商品的个性，使用不同品牌的商品可以实现不同的自我。所以她的衣柜里挂满了名牌衣服，服饰消费几乎占了她收入的2/3。她的服饰主要有4大类：上班以套装为主，节假日和双休日在家穿休闲服，参加朋友聚会或公司宴会一般是正规的礼服，夜晚逛街或泡吧时就穿靓装。在不同的场合和不同的时间里，她会用这些名牌服饰去展示不同的自我形象，让自己从被动扮演不同的角色变为主动地适应并喜欢紧张多彩的生活。

她喜欢色彩明亮、具有现代风格的名牌服装，但作为一个成熟女性，她会有意把自己的穿着在式样、图案上跟小女生区别开来。不过，即使是名牌服饰，她也会喜新厌旧。许多质地很好的名牌衣服，穿过几次后，就放到了一边，或者送给适合的朋友。好东西，用这样的方式分享，心情也不错。

奢侈关键词：女子会所

马兰是女子会所的成员。

女子会所是一个综合空间，包含了美容健身、社交娱乐、保健咨询、财经顾问、法律援助、艺术指导等等，这里的餐厅、酒吧、会议厅、娱乐设施等标准看起来和五星级酒店相同，不同的却是这里更温馨更亲和，在满足女性全方位生活需求的同时，又恰到好处地维护了个人的私密性，代表着一种积极的现代生活理念。

马兰介绍，女子会所入会费一般在 2 万元至 10 万元之间，每月还需支付 1000 元左右的月度管理费，这样一个高门槛的神秘世界应该是有些奢侈吧？但相对那些辛苦供车供房的"负翁"，她宁愿享受这种令人刮目相看的感觉，因为会员卡有时候不仅是一张卡，还暗示了持卡者的身份和品位，而且还有更多的机会去接触高层次的人物。一旦没有这些卡，就会觉得自己很落伍，跟不上潮流。

对于那些认为有钱就要花的人来说，上述的奢侈实在算不上什么。时尚总是年轻的，喜欢什么就消费什么，反正钱都是自己挣的，随便怎么花，别人干涉不了；有钱就要花，辛辛苦苦地工作就是为了挣钱，一旦手中有了钱，还花得拘拘束束，如此人生有何意义？

另外，有些人认为：时代在进步，赞同"把生活点缀成艺术"的人越来越多，这种奢侈已经被大众所接受，很多都市人已经"自觉"加入了"奢侈生活"的行列，成为昂贵生活用品的消费主力。即使是比较传统的"老人"，虽然心里早已经拿定主意绝对不会买，但他们肯定还会经常到处看看，要不然就会落伍，就会成为与社会脱节的人。

商家说，奢侈消费不一定都是虚荣心消费，但虚荣心消费几乎都是奢侈的。奢侈的定义应该是相对的，既取决于社会的平均收入水平，也取决于每个人的心理感受，而且是因时因人因地而异的。社会发展到今天，消费早已不再只是满足生存的需要，炫耀财富也不再是奢侈的象征，取而代之的多是那种平时难以获得的生活体验。

快乐花钱，可以让自己的生活更充实、更有质量、更容易得到满足。十几年前，手机、家用电脑、空调等被老百姓看作是奢侈品，一眨眼工夫连楼道里打扫卫生的阿姨都用上了；穷人认为买房驾私车是奢侈，富人认为住花园豪宅开私人飞机也不算奢侈；在发达国家，普通百姓的住房里也有独立的卫浴设备，而对落后中国家的低收入者来说，那无疑是一种奢望。

现代社会，如果有足够的能力去奢侈，也未必是一件坏事，起码说明你在为社会做一定的贡献，总比葛朗台式的"吝啬鬼"要好得多。反过来说，一个社会如果没有人去奢侈的话，经济会如此快速地发展起来吗？单从这种意义上来讲，"奢侈"似乎不是一件坏事。

然而，更多的，奢侈看起来像把双刃剑。

现在的人为了追求更高层次的生活方式，辛辛苦苦地工作，买房子、买车子，供孩子上好一点的学校，辛辛苦苦找一份收入高一些的工作，早出晚归，甚至放弃了与家人团聚的时间，放弃了读书的乐趣，放弃了在莫扎特的音乐中发呆，就是为了挣更多的钱，明天过更好的日子。

现代社会的确有一种用物质的获得来判断成功的趋向，但真正的上流社会并不完全追求奢侈，很多找不到精神归宿的人，才会用奢侈来填补空虚。很多人"奢侈"，是过去穷怕了，才想极力表现自己已经不是过去那个"穷人"了，将童年极度压抑的消费渴望变本加厉地展示出来。有钱奢侈无可厚非，没钱呢，还奢侈什么？有些人就是要硬撑，买不起房子，贷款！装修要钱，贷款！买车，贷款！

"贷款"让很多人做了"大负翁"。不是贷款不好，但毕竟要考虑自己的实力，为了一个硬撑的面子而尽力奢侈，以后的日子怎么过？

奢侈女人关心时尚的趋向，关心富人的趣味，模仿"上流社会"的生活格调，她们花大量的时间提高自己的品牌知识，无非就是想在别人面前表现自己的富有、时尚和成功。她们从踏入社会的第一天起，就朝着"奢侈"的目标奋斗。可是有些人实现了目标，有些人没有实现。

你能奢侈吗？你在奢侈吗？你会奢侈吗？女人，最好放弃奢侈，因为平实的生活才最美。奢侈生活其实也是一把双刃剑，享受奢侈的同时，奢侈也在侵蚀着自己的躯体和心灵。

# 拥有平和的心态

人的欲望永远无法满足，能安于生活中的一切事物，不是一件最大的幸事吗？尤其是女人。

天使答应实现一个美丽的女人三个愿望。美女的第一个愿望就是希望自己的穷老公马上消失，让她找一个很有钱的帅哥。

她如愿以偿了——可是她发现这个男人对自己一点也不好，自己在他那里丝毫没有受到美丽女人应有的待遇，更别提受宠了。女人整天面对着金银首饰生活，为此她懊悔不迭，于是，她请求天使

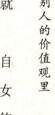

让她体贴的老公再回来。

现在，只有最后一个祈求了。美女考虑了很多，如果长命百岁，没有健康又有何用呢？如果有了健康，没有金钱又有何用呢？如果有了钱，没有爱人的陪伴又怎么能快乐呢？

她开始患得患失，终日忧心忡忡，反而失去了以前生活的快乐。最后她问天使："您能指示我祈求什么才好吗？"天使笑笑说："还是祈求安于生活里的一切事吧！"

生活是琐碎的，保持一种平和的心态尤为重要。作为女人，平和的心态就更为重要了。

心态平和，女人就可以坦然面对逝去的岁月，哪怕是已开到极致的花，依然雍容华贵，仪态万千。心态的好坏能直接影响到自己的情绪，更直接指挥着自己的行为；心态平和，能保护自己不会随时随地被外界刺激到，不敏感、不妒忌、不心理失横、不歇斯底里，对于纷繁复杂地外界干扰和诱惑的确能起到很强的抗拒作用。

平和就是对人对事看得开，想得开，不斤斤计较生活中的得失。淡泊就是超脱世俗困扰红尘诱惑，视功名利禄为过眼烟云，有登高临风宠辱不惊的胸怀。这样的心态，不是看破红尘心灰意冷，也不是与世无争冷眼旁观随波逐流，而是一种修养，一种境界。

人生在世，谁都会遇到许多不尽如人意的烦恼事，关键是你要以一份平和的心态去面对这一切。世界总是凡人的世界，生活更是大众的生活。我们在平和的心态中寻找一份希望，驱散心中的阴霾，战胜困难的勇气和信心就会油然而生，我们的心情就会越过眼前的不快而重新变得轻松，这就是保养心态！保养心态其实就是时时调节心情，时时告诫自己：学会平和释然超脱，学会知足常乐，学会善待生命。如何保持这种平和的心态？

首先，不要对任何事抱很高的期望。对工作如此，对男人亦是如此。

现代的女人不需要再靠男人活了，自己有工作。自己能做的事就自己做，不要让男人觉得你是个负担，让他觉得和你在一起很轻松，两性间平等的关系会更持久。如果一个苹果，你吃之前就想它会如何地甜。然而，万一没有想象中那么甜呢？或者压根儿它就不甜，怎么办？答案是失望以及失落。所以，凡事不抱那么大的期望，会让自己平静些。

其次，用欣赏的眼光去看周围的人，特别是男人，要他跟你走，要有跟你走的理由。

善解人意的女人是很有魅力的，让他觉得在你面前他是个男人。很多男人也小心眼，也不大度的，慢慢地，有进步及时表扬，多看对方的优点，少看或者不看对方的缺点，人有时在受赏识的情况下更愿意接受自己的不足。

凡经历了一些事情的女人，就会有很多积淀，这种沉淀能够显得女人宽厚而大度。毕淑敏曾经说："爱看书的女人极少有一味的沉沦，书中美好的东西总会指引她们走出阴霾。"这也是创造心态平和的一种方法。

女人不要总给自己太多的压力以及奢望，做一个真实存在的自我。善待生活中的每一天，就等于给自己生活沙盘上多置一粒幸福的种子。

# 靠姿色、青春不如靠能力

人无千日好，花无百日红。青春总在你不经意间悄悄逝去，容颜在岁月的剥蚀之下更难长久。那么女人最靠得住的资本是什么？是自己的能力！

一直以来，有两种女人很受世人的追捧和男人的追慕，天生丽质、曲线玲珑、婀娜多姿的美女便是其中之一。

在市场经济条件下，知识是有价的，美丽也是有价的，脸庞、身材、一颦一笑乃至风韵气质都有价，只是这种价值不如知识和能力一样，会随着年龄和阅历的增加而增长，反而会逐渐消失，甚至一文不值。

青春和姿色对女人来说确实是两件法宝，给女人的生活和事业带来了许多方便，但它们是短暂的，终有消逝的时候。女人要想获得成功和尊严，还是要靠自己的能力。

聪明的美女懂得将美丽转化为资本，在市场中升值，美女加智慧才是真正的强强组合。

因出任申奥形象大使而赢得满堂喝彩的香港阳光文化网络电视有限公司主席杨澜，再次让人们睁大了双眼，阳光文化以部分换股、部分现金的方式拥有了新浪 16% 的股权。杨澜在不动声色中坐上了新浪第一股东的交椅。这位外表柔弱美丽的女人再一次展示了她

"全能女人"的风采。而在杨澜的成功神话中，最经典的就是她的"智慧"。

这仅仅是对于单身的美女来说的，相对于热恋或正在感受婚姻幸福的女人来说，独立的能力绝对是美女们增值的最大法宝。

拥有独立能力的美女们好比黑夜里的郁金香，默默地散发着属于自己的一缕芬芳。她们通常是男人们赏心悦目和被男人们所欣赏的那类女人。在所有的男人心目中，都渴望自己的女友或妻子能成为与自己同进退、心有灵犀的红颜知己，只可惜这样的女人少之又少，这不仅是男人的悲哀，也是女人的悲哀。

就像众多美女们向往成为诸如电影《2046》里的黑珍珠，《甜蜜蜜》里的李翘一样，她们皆希望同主人公一样因为独立而显得充满自信，令自己平添了一种令人赞赏的迷人气质，让美女的价值加倍暴增。

那么，美女们如何才能拥有这种独立的能力呢？两个方面——精神与物质上的独立，它们缺一不可。

精神上的独立对于女人来说是最重要的，因为大多数男人是活在物质中的，而大多数的女人却是活在精神里的。女人的精神世界是在无比神秘和无比丰富的内心里，女人精神方面的独立是对自己的确认，当女人的精神世界被别人支配时，这个女人就会变得十分悲哀。

千万不要担心因为你精神上的独立而遭到男友或者老公的鄙视，你要记住：独立的女人是男人的良师益友，亦是男人心头一颗永远的朱砂痣。他们反而会因为你的独立、不卑不亢、没有轻佻的奴颜媚骨、没有市井泼妇的尖酸泼辣而越发地欣赏你的与众不同，越发地珍惜你。

女人只要学会了在精神上的独立，完全按自己的感觉来操纵自己，学会遇事冷静，临危不乱，就能拥有独立、头脑与能力。

当然，在这个物质极大丰富的社会，物质上的独立能力也是不容忽视的，作为一位美女只是靠姿色或者青春换钱花的话，那么她必定是可悲与不齿的！

任何一个女人也不愿意接受在向男朋友或者老公要钱的时候，他们脸上所流露出的一丝一毫的不屑！所以，拥有独立能力的女人们都会拥有自己的收入，哪怕是仅够自己消费，那也是值得自豪的事情。

放下美貌与身段，投入到一份得心应手与热爱的职业中去，你不但能够收获物质上的独立效果，还能收获众多的人生乐趣，让你享受创造价值的愉悦以及感触社会的进步。当然物质上的独立个性还不止这些，对于一位要强的女人来说，积极进取才是物质独立与自身价值最完美的结合。

具体做法，相信很多的女人们都尝试了，而且效果显著：

（1）积极承担责任与职务，让众人刮目相看。

（2）敢于踊跃发言，显示大方文雅的一面。

（3）懂得推销自己，展现自己的工作能力，颠覆自己徒有其表的"花瓶"形象。

（4）虚心而接受意见，自傲是自我价值的自贬。

相信吗？你的美丽人生将从你独立能力的提高开始，逐渐地让自己离开靠青春、靠美丽被动生活的局面，逐渐地让自己拥有更深刻的内在魅力与能力，让你的价值在青春美丽的基础上无限倍增。

# 不自爱的女人难幸福

张小娴曾说:"如果你真的没办法不去爱一个不爱你的人,那是因为你还不懂得爱自己。"

用这句话开头,就是让你知道,爱心宝贝不仅要向别人献爱心,而且在爱别人之前要先学会爱自己,学会尊重自己,欣赏自己。一个女人如果连自己都不尊重,怎么能奢望她去尊重别人呢?从这个意义上说,女人自爱就是对别人最高的尊重。

每一个女孩都是降落凡尘的精灵,身为女人你应该学会爱自己,精心经营自己的美丽,关爱自己的健康,呵护自己的心灵,使自己无论何时何地,遇到何种事物都能够淡然从容的面对。

有人说女人是这世间最脆弱的动物,无论是女孩还是女人都容易被伤害,特别是容易为情所困。也容易在失恋后一蹶不振,酿出一幕幕悲剧,在学校的会影响功课,工作的会耽误前程,闲暇时或许会风花雪月,或许会花天酒地、夜夜笙歌。总之,谁都无法预测女人歇斯底里时会发生什么。其实为什么不学会爱自己呢?

爱自己有太多的理由,也有太多的方式,只可惜很多女性却没有意识到这一点。失恋的痛苦、生活的挫折和失败,早已让她们脆弱的心灵伤痕累累。

　　因此，要对着所有的女人大声疾呼：爱别人之前，要先学会自己爱自己，要学会在恶劣的状况下保护自己，让自己的生命更加精彩，而不是成为他人的附属品。

　　学会爱自己，才不会虐待自己，才不会刻薄自己，才不会强求自己做那些勉为其难的事情，才会按照自己的方式生活，走自己应该走的道路。这样的女人才能在爱情到来的时候不迷失自己，才能在爱情离去的时候把握自己。

　　从呱呱坠地之初，女人就习惯了在外界的观照中看清自己，借镜子来观察自身的容貌，借别人的肯定或赞赏来认识自己的才华，渐渐生出依赖，离开别人的评价便找不到自己的位置。其实并不是这样的，动物从不需要同类给予肯定就可以生存下去，人作为高等动物，具有思想、意识，为什么就不能自我肯定呢？为什么就一定要从别人的眼光里寻找自身的价值呢？但是学会爱自己并不等于自我姑息、自我放纵，而变得自私自利，而是要我们学会勤于律己。

　　人的一生总有许多时候没有人督促我们、监督我们、叮咛我们、指导我们、告诫我们，即使是最深爱的父母和最真诚的朋友也不会永远伴随我们，我们拥有的关怀和爱抚都有随时失去的可能。这时候，我们必须学会为自己生存，才不会沉沦为一株随风的草。

　　女人爱自己，就是懂得人间处处充满爱的道理。

　　当一个女人不会爱自己的时候，是不幸的。失去了爱的能力，常常会想尽一切方法来掩盖、来弥补，就像饥渴的沙漠需要水，而这个人需要一切能证明自己存在的东西，需要别人的好言相向、需要金钱、需要房子、需要名声地位、需要表面的幸福。

　　但是不管怎样，世界从不会因为某个人而发生改变；不论在我们幸福的时候，抑或不幸的时候都是一样充满着爱，空气、水、食物，这都是世界对我们的爱，万物的本质就是爱，一切的一切原来都是。也许你没有沉鱼落雁的美貌，也许你没有聪颖睿智的头脑，也许你没有魔鬼般的身姿……总之，你的身上可能没有任何值得炫耀的地方，但是，别忘了，你就是你，你是独一无二的，你是上天的创造。

《世说新语》里有这样一则小故事，桓公少时与殷侯齐名，有一天，桓公问殷侯："你哪一点比得上我？"殷侯思考了一下，很委婉地回答道："我与我周旋久，宁作我。"

是的，何必羡慕别人？我有自己的性格与生命经历，不论遭遇是好是坏，一切喜怒哀乐都是我在承受与体验。我的生命是独一无二的，怎么可以拿来与别人交换！

不要羡慕别人的美貌，不要希冀别人的头脑，不要模仿别人的身材，爱自己的出发点，就是勇敢地接纳并不完美的自己。眼睛小吗？没关系，眼小能聚光；身材矮吗？没关系，浓缩的都是精华……无论是哪里多一寸，或是少一寸，你都是上天的杰作，你没有理由轻视自己，你也是夜空中一颗耀眼的星星。

真正的生命强者是在与命运的激烈碰撞中，绽放出光芒并实现自我人生价值的人。在这多彩多姿的世界上，要好好地生活。活给自己看，也活给爱自己的人看，更要活给那些瞧不起自己的人看。尽管免不了会经历这样或那样的挫折，可那也是上苍给予你的礼物，让你在成长中学会坚强。

女人总是想小鸟依人地生活在一个男人的身边，但是却变成了菟丝花紧紧地依附在男人这棵"树"上，一旦失去了"树"，就再也不能独立生长。

其实在寻找一棵大树之前，应该把自己先培养成一棵树，双木才成"林"，一人一木是"休"，不是被自己"休"，就是被男人"休"。

女人学会爱自己，要从今天开始，要从这一刻开始。人，不应该牵挂未来而焦虑企盼，也不应该对往事反悔惋惜而不能自拔，要知道只有现在这一分、这一秒才是最重要的、最能确定的。未来总是会带来希望和失望，过去常常提醒自己的失误，要知道未来和过去都和我们想象的不同，只有现在才是我们可以把握的。

# 第三章
## 正视情感——戒抓紧变质的爱

有一种爱，叫放手；有一种智慧，叫微笑。聪明的女人，当这样东西还属于你的时候，好好珍惜，多想想它的好；当它想逃离你的时候，也不要死抓不放，放它走，你的幸福就在前方。

# 爱已失去就不要留恋

泰戈尔说："如果你因失去太阳而流泪，那你也将失去群星。"我们总是执著于、感伤于曾经失去的，以致忽略了身边的风景以及未来可能存在的惊喜，这不能不说是一种得不偿失。

也许没有女人不会为失去他而感到痛苦，但是失去的已经永远失去，不要把过多的精力投注在已经过去而没有意义的事情上，过多的留恋只会让你失去更多。让昨天的失去永远定格在昨天，是你活得快乐和幸福的一种优雅的心态。

为过去的事情痛苦，并不能把我们从阴影中解救出来，只能让我们沦为一名心灵被俘虏的囚犯。

她恋爱了，第一次尝到爱情的滋味。她对爱情非常投入，每当看到他对自己笑的时候，她就觉得自己得到了整个世界。不过仅仅半年，他就爱上了别的人，弃她而去。

她失去他的时候，觉得自己失去了整个世界。悲伤和痛苦笼罩着她，她觉得这个世界暗无天日，任朋友们怎么劝都无济于事。这对她是个巨大的打击，她想：自己也许从此以后就丧失了爱的能力了。

直到有一天，一位朋友对她说："你不过损失了一个不爱你的人，而他损失的却是一个爱他的人。说到底，他的损失比你大，伤心的应该是他才对啊。振作起来，走出他的阴影，会有更好的男孩等着你。"

女孩听后，觉得有道理，心情开始慢慢明朗起来。

恋人的离去，会深深伤害一个人的心灵，一些女人要么不敢再恋爱，要么就匆匆地找个人嫁出去，将就着生活。

一直生活在阴影下，只会继续着自己的失败。阳光依旧明媚，是该将心中的阴影驱散的时候了。

"于千万人之中遇见你所遇见的人，于千万年之中，时间的无涯的荒野里，没有早一步，也没有晚一步，刚巧赶上了，那也没有别的话可说，唯有轻轻地问一声：'噢，你也在这里？'"

张爱玲曾这样写道：缘分是可遇不可求的。茫茫人海，浮华世界，多少人真正能寻觅到自己最完美的归属，有多少人在擦肩而过中错失了最好的机缘，又有多少人作出了正确的选择却站在了错误的时间和地点上。

一辈子那么长，一天没走到终点，你就一天不知道哪一个才是陪你走到最后的人。有时你遇到了一个人，以为就是他了，后来回头看，其实他也不过是一段美好的记忆。但你们之间，已经有了一个无法磨灭的交集。

我们说人与人的相识是一种缘分，那分离何尝不是一种缘分呢？有人说，一生中最幸运的两件事：一件，是时间终于将我对你的爱消耗殆尽；一件，是很久很久以前有一天，我遇见你。

听上去有一种莫名的心碎，如果说当初的遇见是缘，那结局的分开也一定是缘。也许不能一生守候，但曾经相遇就已足够。

放手，不仅为自己保留了最后的尊严与优雅，也成全了对方的幸福。明知坚持无益，还苦苦不放，既让自己痛苦，也给对方困扰，当爱已成往事，他已经不是曾经的他，你也已经不是曾经的你，所有的事与人，都只存在于那时那地，随风而逝。这个时候唯有坦然地放手，留给双方最后美好的回忆。

放手，有时候不是因为爱的消逝，而是因为爱在心底。当这份爱不能为我们带来美满的结果时，不放手，只会拖累更多的人。这时，放手，就是智慧；放手，就是宽容；放手，就是大爱。

微笑着放手，既是成就自我，也是成全他人。在生命的际遇中，爱上不该爱的人，放手是为双方好；当我们的子女想摆脱我们独自成长的时候，放手，可以让他们赢得更精彩的人生。

微笑着放手，当他回想起时，会感激，会怀念，会记得，有一个女人，冰雪聪颖，蕙质兰心，在爱的时候给了他最大的美满快乐，在爱走的时候成全了他最大的幸福。

聪明的女人，请相信，当你给予别人最安静美好的爱时，在未来，一定会有一个冥冥中的人向你走来，给你更多更长久的爱。

谁的成长没有走过痛楚，谁的成熟没有经历波折，我们往往只看到别人的幸福，就觉得上天不公，对自己刻薄。其实，没有人能真正对你刻薄，只有你自己，你放不下，你不肯松手，你不放过对方，其实是不放过自己。那些最终幸福美满的女人，大多是不偏执的，拿得起放得下，不为难别人，也不为难自己，这种女人通常有着乖乖巧巧的姿态，在大部分人还在拿自己的青春瞎折腾的时候，她们已经笑盈盈地坐在那里，过自己最中意的幸福生活。

不要再为昨天流泪了，放弃过往，不管过去辉煌还是失意都不要一味沉湎，别让往事挡住你的视线。有人说："明天不一定会更好，但更好的一定在明天。"总之，女人面对感情这一份没有答案的问卷，苦苦的追寻并不能让生活更圆满。也许一点遗憾，一丝伤感，会让这份答卷更隽永，也更久远。收拾起心情，继续走吧，错过花，您将收获雨；错过他，才会遇到了另一个他。继续走吧，您终将收获自己的美丽……

# 失恋后，就要戒除再纠缠

男人有时候会给女性的心灵造成极大的痛苦。有的女性明知道对方已经下定决心要分手，却仍会依依不舍的难以割舍这段感情。往往在失恋后纠缠不放前男友。孰不知最好的疗伤办法不是纠缠不放，而是快快走出来。

何梅与她的初恋男友黄明是在图书馆认识的，那是多么美好的一天啊。可是，相爱容易相处难，何梅发现黄明并不是她理想的白马王子，他们开始为一点小事就争吵不休，见面的时候，战争就开始了，可每次又和好如初，其实，他们心里都知道，这种情况已经严重伤害了两人之间的感情，可是他们都不肯说出分手，因为初恋也有美好，美得脆弱而苍白。就这样，黄明很长时间没有来电话了，直到有一天，电话响起，黄明终于在电话里说出了分手。

何梅知道这段感情已经完了，她手足无措，心情陷入极度低迷中。但是何梅是个聪明的女孩，没过多久，理智最终战胜了情感。当她看了她的好朋友黄珍给她制定出的疗伤处方时，她终于破涕为笑。

处方第一帖：稳定局面

在刚分手的那段时间里，你的人生观、价值观、爱情观可能会发生巨大的变化，你首先必须有心理准备，在你看出有分手苗头时，就应该时刻告诉自己：他随时会向我提出分手，甚至会羞辱我而显示他的强大，尽管这些不能避免，但我一定能找一场悲情电影，趁机大哭一场，先把所有的委屈在不经意中释放，以便当他真的说出坚决如铁的字眼时，心理上有所缓冲。

记住，你绝对不可以在半夜里哭哭啼啼给他打电话，并诅咒他，这样会让他更看不起你，而且你在事后也会为自己的行动而后悔。也别不停地问为什么要分手，他也许会给你一个谎言，你再去揭穿，这样的循环是没有意义的，也会让你心力交瘁。

提示：在享受恋爱的过程中，一定要未雨绸缪，对分手这种事情有了心理准备，当它真的发生了，你的心会好受一些。也不要对他纠缠不休，一个男人对你提出正式分手，无论你做什么挽救都是于事无补，还不如把过往的一切当成一段美好的回忆。

处方第二帖：转移注意力

为什么要呆在家里怨天尤人呢？将分手后的所有责任都来背负只会让自己更痛苦。相反，如果你走出去，换个新的发型，开始一段新的人生，你还是依然鲜活。为了鼓励这次重生，去纵容一下自己，去做一次美容或SPA，或者买一件很漂亮的衣服。

想一想，他也不是那么完美无缺，要是"宠爱"自己不管用的话，不如进行疏导，写分手日记，将自己的郁闷记录下来，并自我鼓励，相信这次分手并没有什么大不了的。

提示：当你发现全新的自己时，会发现思维方式也成熟了，你再也不是十几岁的懵懂女孩。这次分手也是一场蜕变，最终自己会从卑微胆小的毛毛虫变成无比美丽的蝴蝶。

处方第三帖：对自己好一点

想一想，有几个女孩在失恋后还会保持冷静？但有的女孩子使用的发泄方式非常极端。

生命是可贵的，根本没有必要以生命作为发泄的代价。

你可以采取一些不那么激烈的方法，例如你可以买几个便宜的玻璃杯，摔碎它们，让自己的愤怒有个发泄口。你也可以大吃大喝一顿，把保持身材和计算卡路里先丢到一边，这是有科学依据的，人在吃饱后，身体内会分泌一种能产生满足感的化学物质，从而让你感到不那么难过。当然，吃多了难免又会为身材发愁了，那最好的办法就去运动，用运动的方法来发泄自己的情绪是很好的办法，但要注意避免运动过度造成身体伤害。如果以上的办法都不能帮助到你，你就的确需要把自己关起来，问自己几个问题，好好反思一下你们的相处过程中的问题，以免下一次再重蹈覆辙。

提示：需要问自己的问题有"我是不是太依赖于他，而失去了个性？""为什么我的朋友都说我太任性？""我以后要找的男朋友是不是一定要比他更优秀？"

处方第四帖：充实自己

如果失恋的阴影一直围绕着你，那么，你需要充实自己来分散注意力，你可以化悲痛为动力，更努力地工作和学习。也可以培养一些兴趣和爱好，比如参加各种群体活动，比如野营，爬山，蹦极等等。

你也可以去参加旅行，找一个你一直很想去但没有机会去的地方。这个地方也许是你悲伤的终点，也许是你快乐的起点。美丽的风景能驱走你心中的郁闷，也能给你一个更浪漫的梦想。

提示：用分散精力的办法，让自己不会夜夜流泪到天明。

处方第五帖：心理倾诉

大多数情况下，女孩子都拥有自己的小秘密，但这段感情，你也可以和闺中密友倾诉，但一定要选择一个有同情心也能帮你保守秘密的朋友，这样你才能安全地获得安慰。切忌找那些唯恐天下不乱的损友。如果你找不到一个合适的人，那就去看看心理医生！心理医生的职业操守会帮你保密，也会给你更专业的建议。你倾诉的对象应该是一个能成熟分析问题的人，只会指责一方而不能一分为二看问题的人是不能帮你的。

缘分往往在我们不经意间随风而至，又会在我们拼命想抓住时悄然随风而逝。只有怀着顺其自然的心态去看待感情，才会懂得有些事是留不住的，有些事是拒绝不了的。

# 戒除变味的婚姻

　　有人说，婚姻犹如一双鞋，舒服不舒服只有脚趾头知道；有人说，婚姻是围城，外面的人想进来，而里面的人想出去；还有人说，婚姻就像一堵白色的墙，只有离得很近的人才能看得见上面的斑点……

　　其实，婚姻什么都不是，婚姻就是婚姻，就这么简单！婚姻就像我们吃饭、喝水、睡觉一样，只是一种需要，一种合乎法律形式的存在！不要对婚姻要求太高！

　　事实上，就像一个人一样，人不可能十全十美，那么婚姻也不可能达到尽善尽美的境界。你爱一个人，并不一定会和他一起踏上红地毯，走进婚姻那神圣的殿堂，而和你缔结婚约的，也许并不是你的最爱，只不过是在适合的时间出现并且最适合你的生活的那么个人，关键是你们能够互相关心相互依赖，而不是像两只刺猬，拥抱得越紧彼此伤害得也就越深。

　　彼此都拥有对方，彼此也都能清清楚楚地看见对方的缺陷，但彼此都能习惯并接受。

　　然而，婚姻没有这么简单，尤其当婚姻已经变味的时候，如果不及早的说开，那么伤痛只会越来越深。

　　黄女士和詹女士是一对好姐妹。不过，最近黄女士的婚姻出现了一些问题，于是，她把对老公的愤怒和无奈全倾倒给了詹女士。对着詹女士哭泣了一个晚上，用去了半个纸巾卷，方才收泪，悲悲戚戚地从朋友家里回去。

黄女士和老公属于一见钟情，当第一次遇见不久以后便结婚了。婚后不久才发现原来黄女士所痛恨的缺点几乎都被老公占全了，比如好赌，赌得口袋里没了银子，就借银子赌；比如不归家，把家当成了旅馆……她百般方式使尽，老公仍德性如旧。作为好朋友的詹女士劝她趁早离婚，可黄女士认为孩子没爸爸怪可怜的，因此，她一忍再忍。

这次，黄女士的老公竟然发展到动手打人，第一次开打就把她的鼻骨打断了，若不是邻居们听见打闹的声音及时赶到，后果将无法想象。前几天，黄女士又给朋友詹女士哭诉，这一次，是铁定心要离婚了。

宋女士，今年42岁，原有一个幸福美满的家庭，一儿一女绕于膝下，和丈夫赵先生经营水产生意。但随着经济收入的增加，赵先生对生活质量也"讲究"起来，常常出没于娱乐场所。渐渐地，赵先生迷失在外面"精彩"的世界里，不久他便与一个歌厅女郎搭识上了，"一见倾心"，常常借口谈生意溜到歌厅女郎那里鬼混。宋女士察觉此事后，曾规劝过丈夫，但她的好言相劝换来的却是一顿顿毒打。

有一天，在外混得一无所有的赵先生回家又向宋女士要钱，宋女士就说了他几句，赵先生抡起拳头就对妻子劈头盖脸地打过去，宋女士被打得晕头转向，匆忙中拿起电话想报警，赵先生冲过去一把扯断电话线，抓住她，对她头部又是一阵猛打。邻居闻讯报警后，赵先生才被吓跑。事发后，宋女士走进了"鉴定中心"。经鉴定，宋女士的头部、眼部等均被打伤。

向来视离婚为猛兽的宋女士这次铁定离婚，只缘于她在杂志上看到一篇大师论婚姻的文章，大师的至理名言：做一盘菜，哪怕成本昂贵原料难配，但若是原料坏了，变质了，一定要弃之，绝不能舍不得，更不能用自欺欺人的方法，兑些黄酒猛料来盖味，须知这样的菜吃了会让人闹肚子，健康受损。婚姻也如此，假若已无法保鲜，甚至还发生变质霉味，对于这样一盘难以下咽的菜还有继续吃下去的必要吗？这样的婚姻还有维持的可能吗？又能维持多久呢？菜变质了要倒掉，婚姻变味了要放弃，须知失去旧的枷锁，才能为未来的幸福和美满留下更多的机会。

一家三口。家就好比口，夫妻是上下的牙齿，孩子是舌头。

走过以风花雪月为粮的浪漫爱情，进入以柴米油盐为基础的婚姻生活，饭碗中时常会冒出粒石子——恋爱中宽容，婚姻中不容的小性子，"嚓"的一下，大倒胃口，美好的东西一下变得索然。有时一些饭屑菜末嵌入牙缝，像两人间误会别扭等，令人不舒服，必借牙签剔除，不及时排除，任其自然，它会在牙缝里变质引起口臭，婚姻变味了。

同居一室，相处久了，会磕磕碰碰，偶然的磕碰一下不要紧，经常的磕碰，舌头会遭殃，在牙与牙的磕碰中受伤。牙齿自身也爱发个病，大致可分为两类：牙齿动摇和松动。牙炎是对对方有些爱又有些失望的病。这种病的病原有些来自自身。治疗这病的良方是：平时储备一盒牙膏，它的内存是彼此的关怀和共度的美好时光，一旦发炎，涂抹患处。

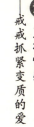

牙齿动摇松动，应该去看牙医，牙医认为他（她）的存在已失去了原有的功能，并且副作用波及整个口腔，应接受牙医的建议：拔除。道理很简单，把一个心在他（她）人身上的人拴在身边，只有痛苦。

许多离过婚的女人在谈及他们的离婚经历时，都感到那简直是一场劫难。这其中经历了争吵、眼泪、伤害甚至仇恨。

不少离婚女性围绕着财产的分割、孩子的归属、抚养费等问题，为了各自的利益，互不相让。有的为了打击报复对方，甚至把孩子当成手中的一枚筹码，给孩子的心灵造成巨大的伤害。

有的离婚夫妻反目成仇，把离婚过程演变成一场激烈的战争。

在离婚大战中，昔日同床共枕的伴侣转眼间变成了不共戴天的仇敌，这到底是人性的一个弱点，还是婚姻的一种悲哀？且不去探究其中深层次的根源，单就这场"战争"的结果来看，也是得不偿失、后患无穷的。不仅使双方的精神饱受煎熬，更使孩子在父母的互相仇视和争斗中备受折磨、无所适从，甚至误入歧途，成为父母离异的牺牲品。

其实当夫妻的缘分到了尽头，离婚也不失为一种明智的选择。通过协商或法律手段争取自己的应得利益，安排好今后对子女的抚养问题，这不仅可以让自己少一些痛苦的经历，更重要的是让双方不至于为敌，给子女在今后获得父母应尽的关爱留下空间。

要做到理智地离婚，下面几点建议或许对将要离婚的朋友有所启迪。

（1）调整心态

先建立"无过失"观念，不要去追究谁对谁错，也别再探讨哪一天、哪一种情况，或是哪一件事，离婚不一定是自己或对方的错，而可能是缘散了，缘分尽了。

（2）积极沟通

沟通方式，宜采用"书面报告"，避免见面。写信是最冷静的方法，较能心平气和，不容易吵架，更不可能杀来杀去。写这种信最好能附回邮信封，请对方也用文字表达心境。

（3）尽量避免请别人传话

如果是自己想分手，找亲朋好友也许只会帮倒忙，害人又害己。尤其忌讳找异性朋友跟对方讲。唯一可以找的，就是专业心理咨询工作者，好的辅导人员通常可以协助整理问题，寻找解决问题的空间。

（4）千万不要激怒对方

绝对不出恶言；绝不向对方说"你配不上我"；不批评对方的所作所为；不指责对方言行举止；不将对方的家人朋友牵扯进来……尽量回避，尽量采取低姿态。请牢记："多说无益！"

（5）不要怕"离婚"

你想想看，三四岁时，你为了上幼儿园，必须和最亲爱的爸爸妈妈分离，而且是每一天都要忍受分离的痛苦。如今，你比三四岁时不知成熟多少倍，而对方的重要性也不能和父母相比。"你必须爱我"，这只是电影中赚人热泪的歌声；真实的人生，你不一定必须要爱我，我也不一定必须要爱你。更重要的是，我们即使不再相爱，也不必相恨！

如果结局注定要分手，又何必把过程搞得如此艰难。不如表现得洒脱一些、温情一些、理智一些。

# 不要固执于一点去看待你身边的男人

婚姻与玉石相似，再完美我们也可以找出疵点。可说到底，在上帝如炬的目光审视下，我们谁敢大言不惭地说自己是"完美"的人呢？既然自己并不完美，凭什么以完美要求于自己的爱人呢？

社会的发展日新月异，媒体上一再强调要用"与时俱进"的眼光看待周围的一切。看你身边的男人，也要遵循这样的原则：与时俱进。如果你一成不变，非要让他做当初那个"最好的自己"，一天两天还行，时间长了，不把他累个半死，也会让你气出点毛病来。正所谓天下的乌鸦一般黑，如果非要那只白的，那就是你的不对了。

有个女孩结婚没多久，便哭着跑回娘家，气急败坏地向父母诉说再也无法忍受自己的丈夫，因为丈夫在卫生间抽烟，烟灰总是弹在地上而从不打扫；起床后不叠被反说是为了健康；洗脸擦手摸到谁的毛巾就用，怎么说也不改……在双亲的百般劝解下，女孩仍然坚持非离婚不可。父亲想了想，拿出一张白纸和一支笔，递给女孩，要求她每想到丈夫一个缺点就在白纸上画一个黑点，于是她就不停地在白纸上画黑点。在她画完以后，父亲拿起白纸，问她看到了什么，女孩回答："缺点啊，全都是他该死的缺点。"父亲笑着问她还看到什么，她回答："除了黑点，什么都没有看到。""你真的什么都没有看到?"在父亲一再追问下,女孩终于想到除了黑点外,还看到白纸,于是父亲问她:"他是否有优点?"女孩想了很久,终于勉强地点了点头,开始叙述丈夫的优点,渐渐地,她的语气缓和了,脸色转"晴"了,最后,她破涕为笑,不再想离婚了。

绝大多数人在婚姻生活中都容易犯同上面故事中那个女孩一样的错误,只看到白纸上的黑点,而忽略了黑点旁边更大的白纸空间。由于只看到对方的缺点,才使得自己陡生怨恨,郁郁寡欢。如果能不执著于黑点,多欣赏黑点后的白纸,就能豁然开朗,常保持愉快的好心情。

相信很多人都看过下面的这个故事:新婚之夜,丈夫对妻子说:"我这个人有很多的毛病,也缺乏自省能力,有时候做错了事也不知道,你比我有文化,要多多包涵我。"而妻子对丈夫说:"人的一生,有许多事情错了是可以改正的,有些事错了却永远不可以回头,所以,我列出 10 个我能够原谅的错误,如果你犯了这 10 条错误中的任何一条,我都会原谅你。"婚后,他们的生活果然有许多磕绊。但妻子却一次又一次地原谅了丈夫。一晃,已经是他们的金婚纪念日,丈夫问出了心中长久的疑问:"当初你允诺可以原谅我的 10 个错误是什么呢?"妻子微微一笑:"50 年来,我始终没有把 10 个错误具体列出来,每当你做错了事,让我伤心难过时,我马上提醒自己,还好,他犯的是我可以原谅的 10 个错误之一。"此时,四目对望中,有微微的泪光闪动。

大仲马曾说:"要维持一个家庭的融洽,家庭里就必须要有默认的宽容和谅解。"萧伯纳也告诉我们:"家是世界上唯一隐藏人类缺点与失败,而同时也蕴藏甜蜜之爱的地方。"柴米夫妻,食的是人间

烟火，谁也不可能完美无缺，只要不是原则性的大问题，就不要太过较真，求全责备，而应该多体谅，多包容，这样彼此相处才会和谐，婚姻才得以延续。

所以，评价你身边的男人千万不要用一个标准。有人说"男人是一本奇怪的书"，要想看清他，读懂他，你最少要通过三个不同的角度去看，既不要"管中窥豹"，也不可草草浏览。

远看，你得站得离男人百米之外，冷冷地看，悄悄地看，最好是他看不到你，你却能观察到他。看他走路的姿态，看他抽烟的姿势，看他骑车的样子，看他遇到坎坷的步法；如果天上下着小雨，看他是不是马上躲避；如果前面有贼，看他是不是会逃避；路边放个钱包，看他会不会看看周围没人马上偷偷拾起；身边来个盲人，看他会不会牵住人家的拐杖送他走过危险；如果你有心，你就能通过这些平凡的小事，看到一个男人的气质。

中看，你也要站到 10 米之外，默默地看，静静地看。看他穿衣服的颜色，是新潮还是传统；看他读书的样子，是左右张望还是专注专一；看他受委屈后的样子，看他遇到困难时的神态；看他的吃相，看他的醉态；看他玩电脑上网的痴样，看他观察女人的神态，是惊鸿一瞥还是盯着不放。如果你眼光独到，你就能看出一个男人的色彩，就能度量到一个男人的肚量，就能感觉到一个男人的力量。

近看，你就站在 1 米之外，真切地看他，热烈地看他，与他作一次关于爱情与事业的谈话，看他的眼神；与他共唱一首关于梦想与浪漫的歌曲，看他的笑脸；与他走过一段荆棘丛生的山坡，看他划破了双手，是不是还在护着你的身体；与他共涉一条不知深浅的小河，看他有没有愁眉，有没有牵着你的手臂。

不管怎么样，再也不要固执于一点去看待你身边的男人了，就算他有些无伤大雅的"臭毛病"，只要不伤及幸福的实质，只要他本性不坏，就由他去吧！爱一个人，便意味着全身心地、无条件地接受并包容他的一切，包括他的坚强掩盖下的脆弱、诚实背后的虚伪、才华表象下的平庸、勤劳反面的懒惰，以及他在婚前不曾被发现的种种生活恶习。

# 不要总盯着他的钱袋子

女人总爱盯紧丈夫的钱袋子，这是她们管丈夫的一个"绝招"。她们一方面是担心丈夫大手大脚浪费了钱；另一方面害怕丈夫用钱寻欢，于是她们就选择了这样的招法。大概是因为屡试屡验，她们也就盯得更紧了。男人虽然表面上乖乖就范，暗地里却算计着藏点私房钱，逼急了就大吵大闹，然后再大打出手，酿出了不少家庭悲剧。

男人谁没有几个铁哥们儿，谁不认识几个酒肉朋友？吃吃喝喝总是在所难免的，但在女人看来，这就是一桩浪费钱的"大罪"。于是女人就想方设法控制男人口袋里的钱，大多数女人也都会照顾一下丈夫的面子，让他过得去；但也有的女人控制过了头，终致一拍两散。

# 女人不可不戒

小张讲述了这样一个故事：一天，他下班回去，邻居们都在议论纷纷：三楼的老王竟然把妻子打回了娘家，两人正在办离婚呢！大家都很奇怪，老王平时老实巴交，又惧内，跟他做了这么久邻居，从来没见他对妻子大声过，怎么说离就离呢？其实，两人离婚也不为别的，就是钱给闹出来的。老王的妻子姓陈，为人十分精明，她深信"男人有钱就变坏"，虽然老王人老实，但也架不住别人来勾引他呀！"不怕贼偷，就怕贼惦记！"再说，老王的那些朋友看他老实，保不准就要哄他花钱。因此，陈某一直把钱盯得紧紧的，老王工资发回来就得一分不少地交给她，而老王平时身上的钱只够买两包烟的，老王也曾有过怨言，但却被陈某又哭又闹的给吓退了。这一次，老王的高中好友刘某要来老王所在的城市出差，老王当然得好好招待一番，这可把老王急坏了，怎么办呢？跟陈某要，她是一定不会给的。于是老王联系了一个兼职抄写的工作，忙活了十来天倒也凑了500多块钱，虽然不太多，但也就是个意思。老王小心翼翼地将钱收在了西装暗袋里，自以为神不知，鬼不觉，没想到自己的一举一动根本没有逃过妻子的眼睛。老王与朋友相见后，自有一番亲热。老王将朋友带到一个中型饭店，宾主尽欢。但等到结账时，老王一摸口袋才发现钱竟然不见了，最后还是朋友付的账。老王忍着气回到家后，质问妻子是否拿了钱。陈某一口就承认了，而且还反过来痛骂老王有"小金库"！老王忍无可忍，冲上去就把陈某打了一顿，陈某回娘家后，老王又立刻写了离婚申请书，这回他是铁了心要离了！

其实，死盯着男人的钱袋并不是明智之举，要知道男人有男人的隐私，他们要交际、要迎来送往，他们要食人间烟火，怎可一篙子打倒一船人，认为他们有钱就可能拈花惹草呢？

凭心而论，女人实在无须背上这些包袱，养儿育女，男人有责任，留下养家糊口的钱后，剩下的放他一马看他如何！至于担心丈夫变成"花心萝卜"简直如瞎子点灯，合情却不合理。实则男人"花心"与男人的钱袋并无绝对、必然的关系，何况一个"钱"字也拴不死一个人的心，尽管你看住了他的钱，但他同样可以身在曹营心在汉，这样你也管得了吗？倘若你命运不济，那也是天要下雨娘要嫁人的事情，谁也无可奈何。

　　男人多半肩挑了事业、工作的重担，在外出差、开会，做妻子的就得严谨地要求自己，别为丈夫过度操心；再说，你操心也白操，如若你丈夫是个贾琏式的主儿，就算你是王熙凤也会鞭长莫及的，又虑之何益呢？控制财权，不让他多带钱出去，这大概还是"男人有钱就变坏"的说法使然吧！事实上此举确非上策，丈夫在外，人在旅途，毕竟"穷家富路"的好，一旦有个头痛脑热或办事不顺，手头窘迫，那个时候求救无门该怎么办呢？

　　所以，聪明的女人，虽然也紧抓着家中的财政大权，但对男人的"私房钱"却总是睁一只眼，闭一只眼，有时候你还要主动给他零用钱，"受宠若惊"之下还怕他不对你"忠心耿耿"！

　　如果希望掌握永恒，那你必须控制现在，女人往往是从容淡定的，即使在面对人情世故这样微妙而复杂的问题时也能够做到掌控自如，不再像无知的少女一样遇到难题就毛躁不安、不知所措。

　　优雅的女人往往在自己的圈子中有着较高地位，她们举手投足之间都是众人关注的焦点，她们要不断地完善自己，在尘世俗务中表现超然的境界。女人对待人事物，分寸拿捏得要恰到好处，遇事也不能一触即跳，做一个控制生活的自我女人。

# 不要嫌弃自己的丈夫没本事

当今社会人们有时候所关注的是一些很私人的事情：事业、家庭、赚钱、偿还抵押贷款——陷入永无休止的琐事里，就为了活下去。

女性在结婚以前总想找个安全的依靠，往往以老实、诚恳、上进等标准来找男朋友。而一旦结婚，发现丈夫太老实，在人际关系、赚钱能力方面反而不强。再加上生活的压力，女性往往会后悔自己的选择，会不住的审问自己是不是选对了人。当原本那些不如自己长得漂亮、不如自己学业好、不如自己善于交际的同学一个个找到了有钱的老公，而自己仍生活在拮据或是平淡的生活中的时候，任何女性都会有一种自卑和失落感，带着这种失落感，丈夫便成了她的出气筒。于是，一旦吵架，妻子的标准回答总是："你还有脸和我吵架，一点本事都没有，你看人家，和你一样的学历，一样的年龄，人家早就提升了，看人家多有钱啊。你除了和我吵架还会干什么？"

这种话其实是实话，也是女性的心里话；可是这种心里话在男性来讲却是极伤自尊的事情。因为男性本来就会和别人比较，本来已经认识到自己的弱点，只是不愿意承认，不想承认而已。一旦被妻子当面戳穿，男人的自尊会急速的破裂，而这种破裂可能的后果就是家庭的分散和家庭关系的极度恶化。

或许你没有亲眼见过那些妻子鄙视丈夫没本事，不会赚钱的场面。

李霞和戴维在一个大雨的傍晚相识。那天李霞下了班去坐公交车回家，可是就在等公交车的时候，突然下起了大雨。李霞下班的时候并没有想到会下雨，因而也没有带雨伞。

这时候，有个优雅的男士走过来，把一把黑色的雨伞撑在了李霞的头顶。李霞的心里激动极了，因为这是男士第一次主动靠近她，并让她有了心跳的感觉，这种感觉是要一辈子和他在一起的冲动。可是他们之间还不认识啊！

不一会儿，公交车来了，李霞和戴维都上了车。让李霞没想到的是，他们竟然同路。于是，李霞和戴维有了初次相见后的再次约定。从那以后，他们由相识到相知再到相恋，一路浪漫的走了下来，终于走进了好多女孩子梦寐以求的神圣教堂。

可是，婚后的生活很快让李霞冷静了下来。戴维是一个汽车维修工，整天和汽车配件、机油等等打交道，因此，身上都是机油味。而结婚前，李霞对他的工作并不在乎，可是结婚以后，她觉得越来越不自在。因为她工作的单位上，每次提到老公的工作是什么的时候，别人总是兴高采烈地说，哦，我的老公是一个白领，在办公室里上班，或者，我的老公是一个工程师，每个月赚很多钱。每每听到这些话，李霞的心情总是极度的难过。因为，戴维不过是一个维修工，一个经常和汽车零件、机油打交道的人，因此，她不愿意也不敢说她的老公在哪里工作，只是撒谎说自己的老公也是一个工程师，也是一个白领，其他的细节她就从来不说了。心里的难受逐渐的在家庭生活中显露了出来。李霞不再像以前那样，回到家给戴维

女人不可不戒

以热情的拥抱和激吻了，相反，总是冷面对着他。戴维也很奇怪，不过他觉得可能是李霞工作太累的缘故，休息一段时间就好了。可是，李霞的态度越来越傲慢，终于有一天，李霞对戴维说："你看别人，都在办公室里上班，而你却整日地在修理厂，身上弄的都是机油味，实在让我受不了。你没有看到我同事的丈夫都已经做到了公司部门主管了。"戴维没有回答，他觉得自己很喜欢这份工作，但他没有争辩。

从那以后，有了第一次指责，就会有第二次，第三次。李霞的脾气变得越来越暴躁。终于有一天，当李霞再一次说出戴维没本事的话以后，戴维再也无法忍受了，提出了离婚。而李霞听到离婚的时候才突然意识到家庭生活出现了危机。尽管她一再向戴维道歉，可是戴维却坚定了自己的主意。不久后他们离婚了。李霞也后悔这样的结果。

这不禁让人们想到这样一个问题：家庭的功能是什么，丈夫担当着什么样的角色？

事实上，如果没有家庭，人们便失去了可以支撑的根基。如果女性在家庭里得到的只有金钱，得不到来自于家庭的支持、爱抚、照顾和关心，那么你所拥有的东西便少得可怜。金钱只能满足你的欲望，而爱是至高无上的。如果女性得到的只是丈夫的金钱，而不是丈夫的爱，那么女性看起来更像折断翅膀的小鸟。而家庭和丈夫的部分含义不仅仅表现为爱，而且还告诉别人有人在守护着你，意味着有一个人始终关心着你，和你形影不离。家庭和丈夫给你心理安全感，而这些是金钱所不能够做到的，其他诸如名望的东西也不可能做到。

82

现代的女性越来越实际，对于结婚往往是出于理性的考虑，这样无可厚非。可是一旦你选择了他，如果你真的爱他，那么当他有一天表现得没本事，表现得很糗的时候，千万不要用"没本事"去刺激他。因为男人心里明白：女人一旦说出了这样的话，他在女人心里的地位就已经沦落了，他就会感觉自己像流浪的无家可归的小狗，只能默默的承认自己的无能。男人或许从此以后会自暴自弃，会从此不愿承担任何家庭的责任，会更放纵自己。

作为女性，一个善良的女性，最重要的是要走入爱人的心里去。如果丈夫真的"没本事"，那么妻子应该给予他更多的鼓励，并尝试着让他做更重要的事情，因为有时候人的能力是潜在的，如果你有正确的激励方法，那么你的爱人或许会找到一条更好发展的道路。

记住：只要你的爱是发自内心的对你的爱人，那么你以后就不会感到失望，不会感到嫉妒，不会计较他对你的回报。否则，你会永远患得患失。

# 拒绝，并不难于启齿

"女为悦己者容"这句中国的古语道出了许多女人想取悦男人的心理，也道出了男人欣赏女人的心态。

我们无论如何也不能否认的是：有哪一个女人在生命的跋涉中

不渴望爱情的滋润呢？但是，在情感的交往中，不能保持清醒的头脑，就会落入男人的"圈套"。因此，面对男人的情感进攻，你应该学会摆脱，学会拒绝。这里，有几种拒绝的方法你参考。

有人说"爱你"难启口，岂不知当你要拒绝一个人向你求爱的时候，这"不爱"二字更需要一番勇气。但是，快刀斩乱麻，斩断对方的一厢情愿，无论是对你还是对他都不失为一种最好的选择。

山和玲是高中的同学，他们同时考取了某大学，一个中文系，一个西语系。假日，由于常在一起，山爱上了玲。可当山向她求爱时，玲却拒绝了，而且拒绝得干净利落："这不可能，我们只能是同学关系。"因为她不喜欢山的那种性格。这以后她再也不肯与山见面。当好友们责备玲这样做太不近人情时，她却有自己的道理："长痛不如短痛，我这样做对他对我都是最明智的选择。如果我硬拖着他，才是害了他呢！"

恋爱场中，人们见惯了许多"反目成仇"的例子。好女孩，你能不能尝试这样一种交友方式：恋爱不成友情在，不做恋人可以做朋友。芳有学识有气质，模样又清秀，大学毕业后当了化学研究所的一名助理研究员。年轻的室主任爱上了她。一天，当他又含情脉脉地注视着她时，芳柔声细语充满感情地道出了自己的心声"谢谢你对我的爱。你很好很出色，但我已经有了深爱我的人。我只能说一声对不起。如果你不介意，我愿为你搭鹊桥。文是我同班同学，她比我更优秀……"面对这一番委婉细腻的柔情，哪一位好男人会纠缠下去呢？无疑，他们成了并肩工作的好朋友。

面对一个欣赏你的男人向你求爱，你该怎么达到拒绝他的目的呢？你不妨狠狠心破坏一下你在他心目中的美好形象，说不定也许能让他退避三舍！美娟是公爵大酒店的一名前台领班。她的青春与妩媚，她的东方文化气质让一位香港大老板颇为着迷。这位老板吹嘘："万金买得一夜欢，为了得到娟小姐，我舍得下注。"于是，他不是请其赴宴就是请其陪舞，搞得美娟烦透了。为了摆脱这位老板，美娟不得不狠心破坏起自身的淑女形象。她常当着这位香港老板故意与别人语言轻佻、打情骂俏，一次竟与一位平时要好的小姐妹高声对骂起来，活脱脱一个乡下泼妇。面对这样一个举止粗俗的女人形象，香港老板心中爱意全无，终于拂袖而去。

你到了谈婚论嫁的年龄，但碍于种种理由你还不想恋爱。面对众多异性的追求，你该怎么办？可爱的芝大学毕业刚参加工作，一心想去考研究生再提高自己。但她周围却有一帮钟情于她的男士频频向她发动进攻。为此，她想出了一个巧妙之策——"假手第三者"。为的是向那些钟情者证明：名花已经有主，请好自为之。于是，一个长途电话，她与异地工作的大学同学宇平取得了心灵的默契。一次聚会，她挽着伟岸的宇平在同事面前亮了相："这是我的男朋友！"名花既已有主，钟情者自然退去。她终于有了一片安静的学习环境。

感情是生命中的一条小河。面对感情纠葛中的一朵朵浪花一个个漩涡，作为现代女性的你准备好了吗？

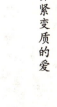

第三章　正视情感
——戒戒抓紧变质的爱

# 戒除将感情作为享受的投资

李蓉结婚前在一家公关公司做策划。当初她到这家公司工作的目的很明确，因为她听朋友说这样的公司经常接一些大型的公关策划活动，接触来往的都是一些很具规模的企业老板。她就是要以自己有策划能力又年轻漂亮为资本找一个接近成功人士的平台。

天遂人愿，果然，借公司的平台，她在工作中迅速的认识了一些身价很高的未婚男人。李蓉的目标是和他们其中的一个结婚，不管对方婚否。已婚的可以离婚重结，否的当然是最好不过了。终于机会来了，在一次她策划的酒会上，她认识了一个能娶她的人——一家规模不小的公司总裁，30多岁，曾经有过一次短暂婚史，有钱有学问有自己经营的企业，住200平方米的房子。于是，一切都按李蓉的预想合理又合法地进行了。

在自己的朋友堆儿里，李蓉一直坦言自己与老公结婚时就是觉得他的条件适合自己，是她一直想要的那种，但真的没有爱上他的感觉。李蓉说她从来都不做不切实际的爱情梦，她认为两个没钱的人在一起饿着肚子相爱是件可笑的事：她说她不能过苦日子，和谁都不能，感情可以慢慢培养，钱可不是说赚就能赚的，所以要把感情投资在值得的人身上。

后来李蓉的老公和她离婚了，原因也很简单——喜欢了另外一个女人。

　　分手时两个人闹得很凶，房子、钱、及一切贵重物品都没有按李蓉想象的那样平均分配，这个精明的男人早已在暗中做了好多手脚，李蓉最终拿走的基本上也就是她自己的钱。

　　不知道天底下像李蓉这样的女人有多少，但肯定不止她一个。人活着就这么几十年，吃饭穿衣是最重要的事，但和相爱的人在一起无疑是最惬意的事。

　　如果为吃饭穿衣而处心积虑，不惜抛开最惬意的事，那是不是有点太势利了？丛林里的野兽尚在厮杀之余与伴侣卿卿我我，何况人呢？女人如果在婚姻面前失去诚意的话，男人怎么与之相守呢？

　　婚姻是什么？最基本的是诚意。如果女人只对物质上的东西有诚意，那么男人会毫无察觉吗？尤其那些一心设计着成功男士的女人们，你也不好好想想：那个男人那么成功，他可能是个连身边的女人的心思都看不懂的白痴吗？女人往往自作聪明地忽略她身边的男人的智慧，所以只能是搬起石头砸自己的脚。

　　夫妻是什么？有人说"夫妻本是同林鸟，大难来临各自飞"，也有人说"夫妻是拴在一条线上的蚂蚱"。

　　男人把感情作为成功的投资的有，那样的男人是可怜的；女人把感情作为享受的投资的也有，那样的女人是可笑而可悲的。

# 面对恋人离去，不必悲伤

失恋的打击，也许会斩断你"剪不断，理还乱"的情丝，但决不应该使你意志消沉，悲观失望。

假如分手真的使你伤心痛苦，但在抛弃你的人面前，应该表现出高度的自我克制能力。

正在恋爱的女性朋友，如果有一天，当你兴冲冲地去赴约会时，迎接你的不是恋人温情的目光和火热的爱语，而是心上人与你断交的决定。此时，你的心情是怎样呢？愤怒，痛苦，还是悲哀？你该如何对待这一突如其来的打击呢？

一般而言，在情绪受到破坏、身心受到折磨的情况下，某些失恋女性会引起心理上和行为上的失调反应。爱与恨、甜与苦、希望与破灭会交替出现。失恋之后，女人的心理上往往会在一段时间内失去平衡。在这里，需要提醒女性朋友的是，失恋之后，首先是要冷静，一定要善于控制自己。

一时的冲动带来的只能是长久的痛苦和懊悔。你应压住心中的激情，冷静地询问分手的根本原因。态度要和缓，尽量做到心平气和，并避免当场答复，因为激动万分时很难有理智的思索和正确的结论。

互相理解，互相支持，才能称其为爱。假如一个不能理解你的人，或者一个顶不住外界各种压力的人放弃了对你的爱，你应该感到庆幸。因为你们之间不可靠的爱情，是不能成为牢固的婚姻基础的。爱是不能勉强的，即使在你的痴情或利诱下与你结合，也只能酿成不幸的婚姻。

失恋的痛苦常常会在一些女性心中造成深深的甚至毕生都无法愈合的创伤。于是有的人消沉了，有的人颓废了，有的人疯狂了，有的人堕落了，但更多的人因此而坚强了。

古今中外，失恋不失志的例子还少吗？失恋后的歌德写出了不朽的著作《少年维特之烦恼》，就是一个人所尽知的例子。我们歌颂真挚专一的爱情，但我们不欣赏那种毫无希望的单相思，更反对盲目的爱情至上主义。"生命诚可贵，爱情价更高。若为自由故，两者皆可抛。"这里，自由的含义，应包括理想、工作、学习等各种不懈的追求。

终身独居的瑞典科学家爱弗莱·诺贝尔，并非不食人间烟火的禁欲主义者。他一生的爱情生活是不幸的，但他的生命没有沉沦其中，他把对姑娘的爱附着到"专心攻读'自然'这本厚书"的迷恋上了。他为人类贡献的 300 多项发明创造，不也正是他那崇高、执著的爱情之果吗！

或许你听到过这样的故事，某一妙龄少女失恋之后，丧失了理智，或沉迷堕落，或伤害之前的恋人；或进行人身攻击，非把对方搞到身败名裂才罢休；或动用武力威胁对方，大有不结婚便结怨之势。这种种行为，都不是真正的爱情。其结果，一害他人，二害自己，实不可取。

假如你失去的恋人是个见异思迁的薄情人，甚至是有意欺骗你的无情人，你也不必心存怨恨，更不可寻机报复。你不值得为这样的人付出高昂的代价。你高傲、轻蔑地看着他离去，不仅会得到心灵的安宁、人格的完整，也会因此而赢得人们的敬重。

对待无情人的最好办法，就是在精神上战胜他，并用你辉煌的事业来表明他在你心中的微不足道。

作为失恋女性，没有沉溺在痛苦中的必要。你可以用发奋的工作和刻苦的学习来转移注意力，使失去平衡的心理和行为得到一定的抑制。读书，可以使你心境平和，精力转移；工作，会让你忘却痛苦，重获新生。这样，你最终会领略到人生的真谛，会燃起对生活的希望，在广袤的大自然中，你真正的爱情将得到升华！

# 别把男人当作你生命的全部

帮助男人成功并没有错，错就错在放弃了完善自我。没有一个良好的自我，只靠男人活着，永远是女人的悲哀。只有不断完善自我，与丈夫比翼齐飞，一同进步，一同成功，才会更好地与丈夫相处。女性只有不断完善自我，才能把握自己，实现自我，并受到他人的承认和尊重。

当女性为婚姻完全放弃自我时，她就放弃了得到认可和尊重的权利。经营婚姻和爱情，就像手中抓住的沙子，握得越牢，越容易流失。

有些婚后的女人之所以仍然感到痛苦，根本原因就是把自己的男人分量看得太重了。似乎只有把自己当作男人的影子才能生存。比如：

有些女人往往把同男人共享的活动视为只有与男人一块儿才能享受的活动，如听音乐会、听讲座、看戏、参加体育运动等，一旦他们想从这些活动中抽身出来，她就有可能感到不自在，这也使她明白，在多数的时间里，频繁的约会虽然使自己兴奋，但在本质上是无聊的，一旦身边没有男人，一切都黯然无光，一旦话题离开男人，就觉得烦躁不安，这些都说明她们一旦离开男人就连自己也失去了，她们的情绪完全由身边的男人决定。

我们的情绪受制于人常常是连自己也没有意识到的，意识到情爱中情商的重要也促使我们从受制于人的情绪中走出来，当爱情得不到回报时，我们可能经历比死亡更为惨烈的痛楚，因为它是对自尊心的伤害和对自信心的痛苦一击。当我们所爱的人让我们失望，我们在一定程度上要丧失一些自信心，这是相当正常的，但是倘若长期不能自拔又是另一回事了。女人对男人失望后受到的打击可能更大一些，这与男人被赋予某种权力有直接关系，男人的这种权力能证明女人作为一个情人、一个女人和一个人的价值。

女人在任何情况都不应该把决定自我感觉的权力交给男人，但还是有很多的女人因为被男人抛弃而感到自我价值的丧失。这些女人总是觉得自己被生活的力量所左右，她们自我感觉是生活的受害者，男人闯入了她们的生活，让她们感受到了一种从未有过的感觉，而当他们离开时，则带走了她们感觉良好的能力。承受生活压力的女人倾向于认为这是自己的错，这种自责加剧了痛苦。

女人长期痛苦的一个极重要因素，就是慢慢屈从于让男人来决定自身的价值。在男女的相互作用中，她们丧失了对自己内在力量的感觉，尤其当她们无力留住男人的爱时，她们会把暂时的丧失力量感与更为长久的无力感混在一起。

在恋爱中不是智力，而是情绪的流露决定着恋爱的结局。要想让爱情巩固下来，男女双方都必须坦荡直率，胸襟开阔不伪装自己，也不过分地影响对方。一旦其中一个人的举止受到某种先入为主的想法和期望的支配，那么他的情绪就迅速地下降了，这将严重妨碍亲近的可能性。

女人的天空原本是明亮湛蓝的，不应该生活在泪雨纷飞和愤怒失衡的心态下；更不能放弃自尊，放弃了自尊的女人就等于自掘坟墓！不要为男人而活，要为自己而活，要活出价值来，活出被别人需要的自豪感！

男人和女人一样，都希望自己的本来面目被对方接纳，也只有自然流露才能够不造作。女人可能采取一种游离于事外的旁观者的姿态，而男人则采用一种带有预见性的谈话方式，这些都是亲近的大敌。男女越是轻松自如，他们就越能以新的方式结合。

对于一些女人来说，一旦遇到了某个心仪的男人，她往往会在自己的生活中某些相对次要的事情上做出让步，时间一长，就迷失了自我。所以女人还是要有自己的思想和生活空间，坚持自我，这样才能过好自己的人生。

女人迟早会明白，一个男人可能离她而去，但并不能真正把她带走。只有她才是自己价值的实现者和实体的所有者，没有人能够真正把她自己偷走。

# 第四章
# 活出自我——戒依赖任何人

　　有些女人想当然地认为，女人是天生的弱者，凡事单纯靠自己，太难。于是，很多女人选择了依靠别人：婚前靠父母，婚后靠丈夫，年老靠子女。但是，父母不能永生，婚姻充满变数，子女有自己的生活，似乎谁都可以靠，但谁都不牢靠。请记住：只有自己能给你安全感，生存也好、成功也好，唯一可以放心依靠的，是你坚强的自信，是你"靠自己走路，走自己的路"的独立意识。具有独立的意识，心灵上也就解放了。如果你的精神受到了压抑，如果你对未来感到迷茫，那么增强自己的独立意识，只有自立、自强才不会躲在别人的屋檐下避雨，才能让你拥有一片自由的天空，过从容淡定的一生。

# 戒凡事依赖别人

　　如果说在过去年代，这样还有情有可原，毕竟女人实在没有足够的受教育机会，更没有平等的社会生活和发展空间，女人只是关在家庭笼子里面的鸟儿，永远飞不高，也看不远，沦为男人的附属品，当然是必然。但如今时代变迁了，即便不能说男女有百分之百的平等，女人也有了空前自由的空间去发展自身，若不能好好利用，那真的怪不了别人了。

　　当然无论社会再怎么变化，一些女人的天性还是难以改变的（男人也是如此）：喜欢依赖男人，习惯于把生命完整地交付给丈夫孩子和家庭，如同藤儿攀附在树干。一旦大树抽身离去，这些女人的生命和世界便全盘坍塌，只剩下泪水和哀怨。一些女人总是把男人当成全世界，而对男人来说女人有时只是世界的一部分。这就是男人和女人之间致命的冲突。

　　由于我们年幼而没有能力应对外界挑战的时候，依赖他人的帮助是我们唯一的选择，因为我们身边的亲人有这样的责任，这本无可厚非。可是有一天你长大了，你是一个完整的人，别人具备的生存能力，你一应俱全，你还要一味地依赖他人吗？

　　在生活中总能听到有人说：就像一个永远长不大的小孩，总让人操心！这就是过度的依赖，严格意义上讲，这是一种心理上的缺陷。

要实现真正的自我寻找最稳固长久的幸福，从现在开始，你就必须摈弃依赖心，培养并且增强自己的独立性。

"小鸟依人"让男人着迷是因为它的依恋，依恋是亲密与激情的混合体，散发着独具魅力的芬芳。而依赖是一朵艳丽的毒蘑菇，消耗着男人的精力与心情。

当婚姻破碎了，金钱纠纷很容易导致男女双方恶言相向，受害的一方有时就是女性，即使婚姻幸福的女人，也有机会单独面对现实人生，因为妇女普遍比男性长寿八到十岁，年轻守寡的事也时有所闻。

在职场中，女性普遍比男性处于劣势，女性收入普遍比男性低，即使同工也不同酬，女性换工作的频率也比男性高，公司裁员多半先裁掉女性员工。

年轻的时候，女人觉得这一天永远不会来临，总是很乐观的认为"船到桥头自然直"。有些女人总是逃避现实，缺乏居安思危的观念，不愿意去想倒霉的事，等到问题发生了才烧香拜佛，祈求上苍眷顾，帮忙降福改运，其实，女人如果尽早学会理财，为没有依赖的日子做好准备，命运可以掌握在自己手中。

一本《女人要有钱》这本书卖到缺货，不仅女人在看，在男性读者中也十分抢手，作者是美国主妇茱蒂·瑞斯尼克，她强调：女人要青春，要美丽，要遇见好男人，更要有钱才会幸福，女人从来不替自己的未来生活做打算是很危险的事。

作者在书中一再对妇女洗脑：聪明的女性寻觅的是一个温馨和充满关怀的伴侣，而不是长期饭票。她说：女性必须看到，白马王

第四章 活出自我
——戒依赖任何人

子早在 20 世纪 50 年代就绝迹了，而且职场不是一个公平竞争的地方，如果女人完全依赖别人，可能导致个人健康和财富的损失。

茱蒂说：女人应该尽早开始投资和储蓄，起步越早成功的机会越大，越年轻开始充实这方面的常识越有利，在能力范围内牺牲物质享受，学习精打细算，为未来做准备，不要甘于贫穷，才能拥有真正的自由，当然，绝对不可为了金钱而不择手段。

茱蒂曾说过一句发人深省的话：女人能年轻多久？可以无忧无虑多久？一些身为依赖成习的女性，有时候我们该思考，如果有一天发生意外状况，我有没有能力自给自足？总有一天我们必须靠自己想办法过日子，只有自己才能保障自己的未来，因此，女人要有钱，并不是要追求享乐，而是生命的尊严。

她说：如果女人懂得理财，懂得独立，人生就是你的，女人无法在厨房中要求独立，学会理财才是追求独立自主的基础。女人在职场和情场的成功，不是没有道理的。

有些女性认为理财是男人的事，懒得伤脑筋，也有些女性害怕自己太能干，而得不到男人的爱，但现实生活里，看到许多例子，懂得财务规划的夫妇，婚姻比较幸福，会理财的妻子也比较能够得到丈夫的欢心，身为一般妇女的父兄或师长，为什么不能趁早指导女性学习金钱观念，如同教育她们举手投足像淑女一样。

一位女性心有戚戚焉地提到可口可乐总裁说过的一句话：我们每个人都像小丑，手中玩着五个球，这五个球是：工作、健康、家庭、朋友、灵魂；而这五个球只有一个是用橡胶做的，掉下去会弹起来，那就是工作。另外四个球都是用玻璃做的，掉了，就碎了。

女人恋爱结婚之后，虽然深浅不一，但几乎都较为明显地表现出对自己的男人的依赖性。这种依赖性的形成，有着多重原因：现实生活中，"男主外，女主内"成为不少家庭奉行的立家原则，这自然培养并强化了"主内"女人对"主外"的男人的依赖。不少男人对"贤妻良母"形象的衷心颂扬，特别是对"小鸟依人"之态的赞美有加，实在对女性误导不浅。"小鸟依人"，女人是小鸟，男人才是人，这个意象本身就不平等，不仅助长了女人的依赖性，还贬低了女人的人格。此外，历史的原因也不可忽视。数千年来，女性在社会生活中一直处于从属的地位，古代女子"无才便是德"，在社会上没有丝毫发言权，在家庭中也是"嫁鸡随鸡"，否则一纸休书，不仅使被休的女人羞于人世，也使得其家族蒙辱。这些看似早已虚缈成烟，未必就没有浓缩成遗传密码，在一代代女人的生命中接力传递。当然，女人的依赖性除了社会的原因之外，还有生理的原因。

女人的依赖性，开始大多是以情感上的依恋为起因，逐步弥漫到生活的多重侧面，最终铸成一些女人的从属心理，从而使得其担当的社会角色与家庭角色都失去了应有的光彩，这也使得女人一生所经历的悲剧情节，不仅比男人要多，而且比男人深重。

女人应该自主，女人必须自主，不仅在经济上，也在精神上，这是时代的要求，也是文明的呼唤。只有如此，女人才能逐步摆脱对男人的依赖，才能走向具有实质意义的男女平等，才能不再扮演宏观意义上的悲剧角色。

# 戒盲目的更换工作

大多数女人感觉这个工作不顺心就换一个，不喜欢坐办公室就去跑业务，并不是说更换工作不好，因为你不可能一下子就找到适合自己的工作。我们所要强调的是，更换工作一定要谨慎，要做好必要的准备，否则你也会因此经受到负面的影响。

都说更换工作是为了发展，不管你是处于对工作的不满意还是工作对于你的不满意，总之，人与职在相互选择着。如果一个女人在对工作满意的状态下更换工作，我们可以说她是为了更好的发展，有远见；倘若一个女人在对工作的不满意状态下更换工作，我们也可以说她是为了更好的发展，只是没办法；但是一个女人在一般的状态下去更换工作了，也就是她在对现实说不上好也说不上不好的状态下，我们就很难判断和评价这个女人的行为了，因为她自己都不清楚。

一位换过四家单位的35岁职业女士说，更换工作，就意味着你要重新开始，不仅是工作方面，还有你适应新公司、新同事，以及新同事接纳等方面的问题。

更换工作效果较好的某女士就是一个例子，在公司做了8年还是没有机会升职，原来以为这次的内部提升非她莫属，可因为一些原因使她又一次失望，于是她决定离开。在去新公司之前，她听从了一位朋友的劝告，给自己放了一段时间的假，让身心得到调整和放松，并利用这段时间对新公司做了全面的了解。休假回来后，充分的心理和身体准备使她不但和新同事相处融洽，而且也因此使她的工作更出色。

如果不做准备，毛手毛脚地盲目更换工作，那可能就会面临非常被动的局面。在更换工作时当事人要做到当断则断。模棱两可、瞻前顾后的态度是很危险的，这种犹豫不决的态度只会让你悔不当初。

据相关调查显示，最易发生更换工作的五大原因是"发展空间小"、"待遇低"、"学不到东西"、"领导管理不善"和"不能学以致用"。无论更换工作的原因如何，归根结底都是想要寻求一个良好的发展空间，毫无疑问，良好的发展不但意味着工作起来如鱼得水，更意味着可以为自己和家人提供良好的物质保障。这是女人在更换工作时最根本的出发点。随着年龄的增长，需要考虑的不仅是自己，她们的背后更有着沉甸甸的家庭责任。

在当今社会，女人的工作寿命往往很短，随着年龄的加大，择业的资本越来越少，如果随便更换工作，她们很有可能找不到合适的工作甚至失业。而处在这一阶段的女人通常已经无法去和二十几岁的人比拼精力，家里多半又新添了小成员，正是最需要经济支持的时候，这一切都成为女人更换工作的原动力，而对待更换工作的问题也就应当格外慎重。

如果一个女人在连着两次更换工作失利的情况下，就会产生很大的挫折感，而且这种受挫的心理会被她有意无意地带到工作当中，进而影响她的发展。

为了把更换工作的风险降到最低，女人在更换工作前一定要注意以下两点：一是客观地认识自己，每个人都有自己的优缺点，只看到自己缺点的人，在择业时就会表现得畏缩，无法为自己争取到最好的条件；只看到自己优点的人，往往流于自负，最后总会为理想与现实的巨大落差而悲观失落。

因此，在更换工作之前，应当客观地审视一下自己，给自己做一个准确的定位，这样你就会知道更换工作时，自己要什么、能得到什么。二是找准适合自己的位置。在这一点上一定要注意一种盲从心理，那就是并不是别人做得好的，你也会做得好。相反，别人做不了的，你未必就不行。同一个人在一个岗位上处处碰壁，而在另一个岗位上却事事顺利，关键是所在的位置是否适合自己。

不要轻易就把更换工作说出口，即使你确实具备"跳来跳去"的资本，因为很多时候，更换工作无法根本解决你所遇到的问题，还会使你越跳越被动。更换工作，你真的准备好了吗？

## 放弃不喜欢的工作

幸福源于热爱，不幸福大多出于工作本身，在现实生活中，大部分女性认为自己正在从事不喜欢做的工作。而工作环境、工作量、工作职责等方面，都是产生不幸福情绪的原因。多数白领女性表示，待遇不足、压力太大、公司管理不善和对自己今后发展缺乏信心，是导致她们工作不顺心的重要因素。

人们在从事自己喜爱的工作时，总是特别有激情，有创造力，而且容易感到幸福，感到满足。

人的一生短暂而漫长，但很多人只能把自己喜欢的事悄悄搁在心底，再加上一把锁，去做许多该做而不一定是自己喜欢的事。

聪明的女人选择做自己喜欢的事情，为了生命中少些缺憾、多点美丽，为了在扎上口袋时少一分后悔。

许多女性说收入不高并非首位问题，工作中要产生幸福感，首先源于对某种工作的热爱。这热爱来自工作本身与自己的期望值和能力相匹配，做起来才会充满激情和信心。因为在这种情况下，工作常常不再是单纯的谋生手段，而升华到一定的"事业"高度。另外，工作的成就感、融洽的同事关系也是产生幸福感的原因。

不合理的管理制度，挑剔的上司，多嘴的同事，不喜欢的工作以及太多难以满足的欲望。许多时候，这些因素让人们感觉不到工作的快乐。

然而，幸福工作的人们却认为从事自己喜欢的工作能使他们处理好许多不顺心的事，良好的工作心态是他们快乐工作的重要原因。

大学毕业以后，陈璐在一家跨国企业从事行政工作，从5年前参加工作那天起，陈璐就算计着换份工作，但是，这家企业是全球比较大的跨国企业，她的父母认为女儿在这里上班会学到很多经验，并且对未来的人生发展也是件好事情。所以，几年来，她只有按照父母的意愿留在办公室里写写材料或者整理整理文件。

但这份工作陈璐做得并不开心，每天重复着做相同的事让她得不到提高，尤其看到有些同学已经取得了不俗的成绩，再对比自己的现状，她对未来更加失去信心。在陈璐心中，做一名记者是她从小的愿望，陈璐认为能够接触形形色色的人或事，能够报道真实的新闻是一件很快乐的事，但现在，每当她想起在大学里所学过的知识，心里就充满了悲哀。

陈璐的大学同学李菲毕业后，临时到一家公司当经理助理，半年后，不满现状的她主动争取到了一所中学当教师，工作虽然辛苦琐碎，但因为热爱，工作中的一切困难都可以迎刃而解。

李菲是个心态平和的女孩，虽然每个月的收入不高，但她却很快乐。刚到学校的时候，班上那帮调皮男生总是不听话，常摆出一副嬉皮笑脸的样子，在李菲心中，学生再调皮，也有令人喜爱之处，所以凭着爱心，她一次次耐心地和学生沟通，渐渐地，学生们也喜欢上了这个娃娃脸老师，就连班上那些最孤僻的学生也喜欢和她交流，学习成绩也提高了，这个时候，李菲觉得很开心也很有成就感。

其实，并不是所有的人都有勇气跳出现有不满意的格局去创造自己喜欢的一片新天地，有些人日复一日的重复不喜欢的工作，渐渐习惯了用抱怨填补空虚。而那些愿意为自己的想法和兴趣付诸实际行动的女性，却体验到了工作的幸福。

张女士最近很郁闷，她进入这家外企工作已经整整10年了，过去的同事现在已成了她的上司，而新来的员工也从她的下属升为同级，身边的同事几乎都在发展着，而她自己似乎被困于一潭死水，毫无进展。更令她心烦的是，现任上司常有鼓励新人打压她的行为。

张女士现在很矛盾，换个单位吧，可能很难再找到这么高薪的工作，而且她对这家公司也有一些难以割舍的感情，如果不辞职，她又觉得很难受。而刚进公司半年的张曼就从一名普通员工做到部门经理，在竞争激烈的外企，能在这么短的时间得到提升很难得，但张曼却做到了，而且她还要独自抚养2岁的女儿。

其实，对张曼而言，这只是她生活的一种态度。在工作上，张曼一直以来都非常认真，也许别人轻易忽略的一件小事，但她却会敏锐地捕捉到，并从中汲取经验，加以总结，然后毫不吝啬地把结果公开给大家分享交流，也因此，张曼在公司的人际关系很好，大家都很喜欢她。

其实，态度决定一切。有些女性一旦投入工作，就会注入自己的全部智慧和激情，而工作也将回报给她"微笑"。而有些女性一旦把工作变成习惯，就会滋生惰性，被别人超越的失落感也将随之而来，快乐自然将离他远去。

高平学的是广告设计，大学毕业后应聘到一家广告公司工作，由于高平做起设计才思泉涌，又能很好地把握市场脉搏，很快她的工资就翻了一番。

不久前，高平在公司附近贷款买了一套两居室的房子，月供3000多元，高平认为自己可以轻松搞定，但渐渐地，高平开始感到了一个人供房的压力。

过去，高平购物很少计较价格，看到喜欢的就买下，但现在她开始斤斤计较，为了保证每月的还款，她容不得工作有一点闪失，为此，高平像一台上足了发条的机器，一直不停地运转，甚至周末她也不敢休息。高平现在觉得自己很累，一点快乐也没有，而且常常担心生病或者失业，工作已经变成了她离不开的生存手段。

高平的母亲李女士是一名退休教师，看到女儿整日忙碌又毫无快乐感到不可理解，在她看来，工作是一件充满乐趣的事，生活也没必要给自己背那么沉重的包袱。

李女士年轻的时候正赶上时代热潮，到了一个很偏僻的地方教书，她是当地唯一的一名教师，那里的人们都十分尊重她。当时条件非常艰苦，喝的水要走十多分钟路才能找到，吃的菜也要自己种，晚上一个人经常的担惊受怕。可是，在那里，李女士用自己所学到的知识改变着这些孩子和那里的人们，虽然贡献微薄，但李女士很开心。

几年后，李女士回到市区的一所中学教书，同样的，她对这样的工作充满激情。李女士说，能跟自己喜欢的孩子打交道，而且待遇又能保持安稳的生活，她觉得很幸福。

由此可见，没有正确评估自己的实力，给自己定的目标过高，在实现过程中又不堪忍受工作的压力，要快乐恐怕很难。反而，以平和的心态面对工作，并满足每一点每一滴的成绩，却容易得到快乐。其实，幸福就在身边。

从上述案例可以看出，对工作不满意的原因主要有：

不平衡，事实上，不管在多好的公司里，永远有超过50%的人觉得自己的薪水不够高，觉得自己的付出和得到不成正比，推而广之，不管所得到的物质条件有多好，总会有超过一半的人觉得不够好。这是因为，幸福感来源于比较，而不是绝对值。

不满足，关于幸福，有个"挖坑理论"，"坑"的深浅代表幸福的多少，"坑"中水的多少代表幸福的满足程度，挖的坑太浅，幸福轻易就满足了，但是却失去了享受大的幸福机会；挖的坑太深，但是却无法注满，不满足感就会加深。所以，如果需求本身难以达到，那么幸福自然难以抵达。

面对不幸福的工作，每个女人都有抱怨的理由——公司用人不平等，工作压力太大，没有合理待遇，老板太挑剔，对前途缺乏信心，似乎有太多种理由让人们不快乐，然而，除了工作本身有问题或者不适合自己以外，却很少有人从自己身上找找原因。什么才是自己想要的幸福？

在茫茫职场中，幸福的定义因人而异，一杯清茶有人品出了醇香，而一杯美酒有人却觉得寡味。同一份工作有人幸福有人愁，同样的处境有人欢喜有人忧。有人说幸福原本就像空气一样弥漫在空间，只是许多人置身其中却感官麻木罢了。于是，只有少数人偷偷幸福着，而更多的人却无奈地让郁闷的、烦躁的情绪潜滋暗长。

幸福是要靠自己去创造的，当你对现状不满意的时候就试着去改变它——寻找自己的职业理想、调节自己的情绪、跳槽、给现有的工作注入新的激情。转眼，幸福就在身边。

# 戒做工作不要命的疯狂女人

女人是美丽的代名词，这种美丽，不仅仅在于外表，在于气质，更在于对生活的理解和感悟。

为自己工作的女人，在实现个人成长的同时，分担着家庭的重担，她们将大部分精力投入到自己喜爱的工作中，并乐此不疲。而那些事业心重的女人，更会因获得的巨大成就而让自己的人生更加充实。

一个女人，会工作也要会休息，在职场上学习让自己喘口气也是一门学问。

一个不懂得生活的人就不懂得工作。生活好了，身体好了，工作才能真正做好。这是生活常识。我们不妨想想，人毕竟不是机器，即使是机器，也有磨损、检修的时候。现代社会，工作压力、生活压力本身就大，再加上长期不休假、不疗养，身体很难吃得消。很多女人身体长期处于亚健康状态！有的女人年纪轻轻就已疾病缠身，甚至英年早逝。因不会休息累病了，这不但是无谓的牺牲，而且还直接影响到工作效果和身体健康，可以说是得不偿失。

在这个以工作为导向的社会里，制造了无数对工作狂热的事业女强人。她们没日没夜地工作，整日把自己压缩在高度的紧张状态中。每天只要张开眼睛，就有一大堆工作等着她。

你如果要判定一个女人是不是工作狂，最直接的方法就是放假。因为，有很多工作狂最讨厌假日，尤其是放长假，对她们而言，简直就是一种折磨。只要一闲下来，她们就会闷得发慌，恨不得赶紧逃回办公室里。

其实，工作狂不单单指做事的状态，也是一种心理的状态。据心理研究人员分析，具有工作狂特质的女人大都是目标导向的完美主义者。一切以原则挂帅，她们企图从工作中获得主宰权、成就感与满足感，任由生活完全受工作支配。她们相信只有工作才是一切意义的所在，活动、人际关系对她们来讲都是无关紧要的。

表面看来，工作狂似乎别无选择，她就是无法让自己停下来：她们以为，一旦妥协就是投降，表示自己认输。

她们这种心态，不论是对自己还是周围共事的人，都造成相当严重的困扰。

美国有位专门研究工作狂的心理医师杰·罗里奇，根据他的观察：绝大多数沉溺于工作的工作狂，往往不是那些需要殚精竭虑、必须靠出卖劳力以求生存的人。

当走进社会，从第一天工作开始，某公司一女职员琳达心里只有一个目标——希望自己在30岁的时候能争得一个好的位置。由于急于求表现，她几乎是拼了命工作。

别人要求一百分，她非要做到一百二十分不可，总是超过别人的预期。

29岁那年，琳达果真坐到经理的位置，比她预期的时间还提早了一年。不过，她并没有因此而放慢脚步，反而认为是冲向另一个阶段的开始，工作态度变得更"狂"了。

那段时间，琳达整个心思完全放在工作上，不论吃饭、走路、睡觉几乎都在想工作，其他的事一概不过问。

对她而言，下班回家，只不过是转换另一个工作场所而已。

拼命工作的结果不仅使她与丈夫产生了距离，与员工更是形成对立的局面。而她自己，其实过得也并不幸福，常常感觉处在心力交瘁的状态。

当时，琳达不认为自己有错，觉得自己做得理所当然；反而责怪别人不知体谅，不肯全力配合。不过，慢慢地她也发现，纵然自己尽了全力，为什么却老是追不到自己想要的？

35岁以后，琳达才开始领悟，过去的态度有很大的偏差。处处以工作成就为第一，没有想到工作只是人生的一部分，而不是全部。虽然，口口声声说是为了别人，但其实是为了掩盖自己追求虚荣的借口。

不否认"人应该努力工作"。但是，在追求个人成就的同时，不应该舍弃均衡的生活；否则，就称不上"完整"的人生。

重新调整之后，琳达发现比较喜欢现在的自己，爱家、爱孩子，还有自己热衷的嗜好。她没想到这些过去不屑、认为浪费时间的事，现在却让她得到非常大的满足。

对于工作，她还是很努力，至于结果，一切随缘。

现代社会应倡导一种文明健康的生活理念。该工作时认真工作，该休息时好好休息，会工作也要会休息。休息好是为了更好地工作。天天扑在工作上，连轴转，表面上看工作效率很高，实际上却极易酿成疾患。

会工作也要会休息，女人一定要谨记：

事业上的成功不是一朝一夕的事，一定要合理安排好自己的生活，保证工作和生活张弛有度。工作越是忙碌，越应该学会见缝插针地"偷懒"，让自己吃好、喝好、睡好，以保证旺盛的精力和足够的体能，从容地应对摆在自己面前的大小事务。

工作就是工作，生活就是生活，工作和生活本来就是完全不同的两回事。一切都很简单，人们对待它们本来就应该采用两种截然不同的态度。调查表明，工作越忙，家庭和婚姻方面面临的压力也就越突出，离婚率也会相应地大幅上升，而已婚或再婚的高级管理者的心理健康水平比那些离婚者要高得多。

由此可见，工作是为了更好地生活，但工作不是生活的全部。家庭是个人最直接的社会支持系统。在生活中，家庭幸福是一个人生活中一个重要的不可替代的组成部分。

　　在通常情况下，家庭和家人的支持与认可，是每个女人信心和力量的来源。只有家庭幸福，事业才能成功。

　　有很多事业女强人只注重事业上的成功，整日为工作奔波劳累，而忽视了生活本身的快乐和乐趣。这种舍本逐末的行为，从一开始就注定是得不偿失的。幸福的女人都应该关注事业，关爱生活，懂得忙里偷闲，从"疯狂的忙碌"中解脱出来，找到生活的乐趣，这才是生命的根本！


# 不要把自己当弱者


　　对于女人来说，如果在你所面对的人和事面前自矮三分，那就只有跟在别人身后的分儿。

　　时至今日，女人在某些情况下仍是处于弱势，在以男性为主体的社会里，我们不得不承认这一点，但女人不应该甘心做一个弱者。女人只能承认"弱"是体能的差别，而不是地位的低下。女人与男人相比，是生理上的差异，力气上的柔弱，但这并不能妨碍女人变得坚强。女人首先要看得起自己，尊重自己，才能让别人、男人看得起，并得到尊重。女人不要为了苛求庇护，而"弱"到没有精神，没有气概，那最后就真的会落得一无所有了。

"女人啊，你的名字是弱者！"莎士比亚对女人的诠释使多少女人为自己的软弱、顺从和屈服找到了足够的安慰。让她们把自己定位于弱者的角色上，甘愿承受许许多多不公平，殊不知，被打上弱者烙印的女人，所面临的却是廉价的同情、无情的淘汰和粗暴的践踏。正如文学巨匠巴尔扎克所说："女人的苦难，任何时候都比男人多。"

提起京城地产大鳄潘石屹，恐怕无人不知、无人不晓，而对与潘石屹并肩开创事业的妻子张欣，很多人都不甚了了。其实，在潘石屹与他的伙伴们创业的过程中，张欣起到了相当关键的作用。能够起到这样的作用，靠的就是一股勇做强者的气势。

在进入潘石屹的公司之前，张欣在外国大企业工作多年。

而公司里的几位潘石屹的合作者，都没有上过名牌大学，也都没有和外国人打过交道，或在国外工作生活过，可是那群清一色的男人帮，都是在房地产界摸爬滚打了好几年的中国第一代房地产商，他们根本就没把她这个从未盖过房子，不懂什么是建筑，刚刚回国不了解中国行情的女人看在眼里。心里不服呀！"凭什么我们要按她提的方案去做？"

的确，面对高达上亿的资金，不是让谁拿着去玩的，她的斗争就更史无前例。

每天上班，她就像是上战场。她要和公司里的所有人吵，说服公司的合作者，相信她是对的。回家后，她又跟老公潘石屹继续吵。生活和工作就像是一个圆圈连个出口都没有，她心里堵得慌。每次吵急了，收拾一下东西她就想拔腿一走了之，可转念一想：如果就这么走了，那就等于说她此次选择来大陆，或者说选择和潘石屹绑在一起开公司，选择进入房地产界都是错的。不行，哪能这么容易就认输了呢？

不轻易服输的她，每次都告诫自己一定要坚持下来！

每一次冲突之后，她都强制自己冷静下来，仔细想一想，冲突的根由到底在哪里，是因为自己的管理理念确实让公司的老员工无法接受，还是自己的想法真的无法适应项目实际运作的需要。善于分析与总结的张欣正是在这样一步步的磨合之中，坚持着，既坚持着自己的理念，又在实际工作中妥协着自己完美的执著。

而当有朋友问及张欣，有一个能干的老公，又有一个幸福美满的家庭，为何还要在事业上坚持不懈地追求？还要自己辛辛苦苦的管理公司？不如放弃算了。

而张欣则回答说："我回国的初衷就是要做一番事业，就是要实现这个想法，如果因为工作之中有磨合，就放弃自己当时的选择，放弃自己追求的初衷，那我认为自己放弃了努力，就失败了，就等同于当初的选择就是一个失败。这不是我的性格，我不会这么做。"

工作就在这样僵持的状态下进行着，而实际上他们又都在寻求双方都认可的解决方式，最后她从大局考虑，接受潘石屹一块一块启动的思路，一栋一栋与人合作，但在整个操作、设计施工上，都由她一个人负责，这样就等于把它又变成了一个大项目，从而可以保持其整体性。

在现代城之前，京城地产界卖期房的惯例是只能给客户看图纸，反正房子都千篇一律，都八九不离十，样板间也是大同小异，没有谁觉得房子还能盖成别的样。这时，她提出要做现代风格的极少主义的样板间，而且坚持到底。

在样板间完工的前两天，工程总监找到她说，不行，以这种现代风格的极少主义展示的样板间，没有任何装修，显得这房子档次太低，肯定卖不出去。于是大家慌忙跑到现场察看，结论是这个样板间确实得拆。

她也急了，赶紧向董事们保证："两天后看成品，真不行的话，我从此再也不对这个项目发表任何个人观点。"

在场的人是将信将疑地同意给这个执拗的女人一个机会，其实，他们潜意识里是想给她一个证明是自己错了的机会，从此不再插手工程上的事。

但两天后，董事们再次走进样板间，全体都惊呆了！他们从来没在中国人自己的房子里见过这种档次、品位的装饰，非常纳闷：都是泥瓦板梁，她怎么就能搞出这种格调呢？而这几间样板间产生的市场反馈就更出乎意料了：购房者连夜排队交定金，那阵势真让人激动万分。

也正是从这时起，她才真正在公司奠定了自己的不可取代的位置。后来，她对朋友说起这些，总是目光坚定，神态自若，"如果你相信你是有实力的，就不能示弱。你就要证明给别人看！"

证明给别人看，更要证明给自己看。"女人靠自己"不是一句装点门面的空话，它需要你在生活、工作以及待人处世的每一件事情上付诸行动。张欣的经历和成功告诉我们：女人完全可以靠自己——只要你的内心能够充实和强大起来。

女人，生来并非注定就是一个弱者，要敢于和男人一样面对世间的风风雨雨，迎接生活的艰辛挑战，胸怀大志，不向现实低头，以强者的姿态走入人生的河流之中，也定能激起惊涛骇浪。由此创造自己可以紧紧把握的幸福。

# 不要试图靠眼泪征服世界

在《红楼梦》中，有一位整天以泪洗面的林妹妹，她期待美好的爱情，可面对世俗的压力，却只能淹没在自己的泪水中。在某些情况下，女性的泪水能博来些许的同情，但要想从根本上改变现状，只靠泪水是远远不够的。

很多女性都用过世界知名品牌玫琳凯化妆品，但人们可能不知道，玫琳凯正是在泪水中站立起来，创立了以自己的名字命名的化妆品公司的。

17 岁结婚的玫琳凯有了 3 个孩子之后，便被丈夫所抛弃。她沮丧、自卑、无精打采，渐渐地身体也常觉不适。几位医生诊断说是风湿性关节炎，专家们预言，她很快就会完全瘫痪。

虽然走投无路，但为了 3 个尚需抚养的幼子，她擦干眼泪，仍然挣扎着为一家直销产品公司服务，因为每举办一次销售演示聚会，便可挣 10 ~ 12 美元。为了这 10 ~ 12 美元，再难，她都必须微笑地面对她的顾客。

奇怪的是，微笑再微笑之后，她的身体渐渐好了起来，最后所有关节炎的病症都消失了。玫琳凯自嘲地说："原来上帝是喜欢笑脸的。"

为了保证家庭收支的平衡，她每晚必须去做产品销售聚会。她的小儿子理查德总是会在其他孩子睡下后，偷偷溜到和他房间相邻的小阳台上，然后顺着靠近阳台的那棵大树上滑下去，坐在大门口的镶边石上等着她回家。以至于玫琳凯每次回到家门口的时候，都忍不住泪流满面。

就像在艰难岁月里，她曾是孩子们最有力的支撑和保护一样，当她流泪的时候，孩子们总是对她说："妈妈，不哭！你是最好的妈妈，最好的妈妈怎么能哭呢？"哭是没有用的，玫琳凯再次擦干眼泪！

1963 年的 9 月 13 日，玫琳凯母子二人用尽所有的积蓄，准备成立玫琳凯化妆品公司。可是，灾难再一次降临。就在公司计划开张前的一个月，玫琳凯的第二任丈夫因肺癌和心脏病，猝然离世。

这是她最深爱的男人，这个男人曾与她共度了 14 年的甜蜜时光，要知道，那是她一生中最受宠爱的日子！但一切都结束了。

当年，那个坐在大门口等她回家的小儿子理查德，这时已经成为了她最得力的助手和朋友。他为母亲擦掉眼泪，说："妈妈，哭是没有用的！神与我们同在，请勿放弃！

玫琳凯点点头，她强忍着悲伤，尽量不让自己的眼泪再掉落。毕竟，剩下的路，她还得走下去。在她的坚强信念之下，公司安然地度过了创业期，而且，很快便成长为美国一家颇为著名的企业，随着公司名声的扩大，玫琳凯本人也成为了一名具有典范意义的美国成功女性。

玫琳凯·艾施用她坚韧的心，告诉所有遭遇不幸的女人，不哭泣！哪怕生活是一个悲剧，也要表现出你莫大的勇气。

曾经有一天，和往常一样，玫琳凯的美容工作室，又响起了敲门声。

玫琳凯打开了门，吓了一跳，她从未见过如此高大的女人。至少有6英尺6英寸（约1.98米）高，穿着一条黑色的紧身裤和一件黑色的圆翻领毛衣。（她的衣服和裤子绝不相配！）她的脸上全然没有化妆。

美容顾问开始给这个女人做有史以来最快的美容和化妆。当化完妆，美容顾问把一个可爱的金色假发戴在这个女人的头上之后，一切看上去华丽极了。

最后，这位女人流着眼泪坐在镜子前，她说："在我一生中第一次变得这么漂亮！"

但是，这个女人没有钱，她取下自己的结婚戒指——她最珍贵的财产——抬头望着玫琳凯："你能让我回家，让我的丈夫看到我这个样子吗？只一次，我拿我的结婚戒指当抵押。"

玫琳凯告诉她，如果成为玫琳凯的美容顾问，只要努力，那么便会赢得一切……

而后，那个女人果真满怀希望地加入了玫琳凯公司，在玫琳凯的帮助以及她本人的勤奋之下，她果然赢得了一切，包括那些漂亮的化妆品以及她那不错的精神状态。

每一个女人都渴望着美丽，玫琳凯不但给予了她们美丽，还给予了她们一个温暖的信念：如果你对自己有所不满，那就回到上帝

的画架上去吧，因为上帝还没有把你画完。

越来越多得不到帮助、找不到出路的女人，靠着玫琳凯的事业，不仅为家庭带来了额外的收入，并让自己越来越自信优雅，当然她们也付出了同样多的艰辛和泪水。

带着执著的信念，玫琳凯带领着千千万万不甘平庸、渴望成功的女性，坚定不移地往前走。她像一个美丽的皇后，用她的热忱、爱和欢笑，改变了千千万万女性的生命，也改变了自己的命运。

行动拯救了玫琳凯，行动拯救了那位被生活所困的高个子女性，行动也能让所有不相信眼泪的女人站立起来。请记住吧，在人生的路上，没有人是可以让你百分百依靠的——父母易老、婚姻易变，世事难料，唯一可以依靠的只有你自己。

女人要靠自己成功，这个道理谁都明白，可实施起来有相当大的难度，因为现实生活中越是有所追求的女人，越会遇到更多的艰难险阻。

# 不要在乎别人说你什么

在现实生活中，有很大一部分女人常常会因为他人的一个眼神、一句玩笑话、一个细小的动作而心生不安，思虑重重，甚至寝食难安。其实这些眼神、笑谈、动作在很多时候是没有特殊意义的，只是因为我们自己的内心太在乎。

一个女人过于在乎别人说什么，就会变得虚荣，因为太在意别人的看法就会失去自我。如果你追求的幸福处处参照他人的模式，那么你的一生都会悲惨地活在他人的评论里。

　　我们无法左右他人的言论，何况大多数喜欢对别人评头论足的人也的确没有什么恶意，只是随便说说而已。对于别人的评价，我们完全可以采取不介意的态度，更没必要为之生气。

　　"走自己的路，让人们去说吧！"我们对但丁的这句名言并不陌生。可是，生活中女人是否信奉它，实践它呢？

　　别人对你的评论总是有一定水分的，有些人总是挑你好的方面说，如果以此为据，你就有可能高估自己，自我感觉很好。由此，可能会轻视他人，忽视一切，自以为是。另外，还有一些人有可能故意挑你坏的方面讲，从而贬低你，这样你就有可能低估自己的能力，自卑消极。因此，在听取别人的评论之前，首先要对自己有一个正确的认识，并以此为基准。

　　另外，他人看到的可能只是你的表面或一个方面，真正全面、清楚了解自己的还是自己。只有天生没有主见的人才会整天打听他人的评价。虽然有时候可能会出现"当局者迷，旁观者清"的情况，但大多数情况下旁观者的意见只能作为参考。

　　美国职业足球教练文斯·伦巴迪当年曾被人批评为"对足球只懂皮毛，缺乏斗志"的人。

　　起初，贝多芬开始学拉小提琴的时候，技术并不优秀，他宁愿拉他自己作的曲子，也不肯做技巧上的改善，他的导师说他绝不是一位当作曲家的料。

　　当年，当达尔文决定放弃行医的时候，遭到父亲的斥责："你放着正经事不做，整天就只知道打猎、捉狗捉蒿子的。"另外，达尔文在自传上还透露道："小时候，所有的老师和长辈都认为我资质平庸，我与聪明是沾不上边的。"

爱因斯坦 4 岁时才会说话，7 岁时学会认字，老师给他的评语是："反应迟钝，不合群，满脑袋都是一些不切实际的幻想。"他曾遭到退学的命运。

罗丹的父亲曾埋怨自己的儿子是个白痴，在大家眼中，他就是一个前途无"亮"的笨学生，艺术学院考了三次还考不进去，他的叔叔曾绝望地说："孺子不可教也。"

托尔斯泰读大学时因成绩太差而被劝退学。老师认为"既没读书的头脑，又缺乏学习的兴趣。"

假如这些人不是"走自己的路"，而是被他人的评论所左右，怎能取得举世瞩目的成绩？

人生的成功自然包含有功成名就的意思，但是，这并不意味着你只有做出举世无双的事业，才算得上成功。世界上永远没有绝对的第一，看过马拉多纳踢球的人，还想一身臭汗在足球队里混吗？听过帕瓦罗蒂歌声的人，还想修炼美声唱法吗？其实，假如你总是担心自己比不上别人，只想功成名就，那么世界上也就没有帕瓦罗蒂、马拉多纳这样的人了。

太在乎别人的"评论"，就会使自己做事放不开手脚，养成犹豫不决的性格。如果一个企业家太在乎工人的"眼光"，那他就不是一个强有力的管理者。在发奖金时，他首先会考虑到副经理会怎么想，科长会怎么议论自己，然后那些老工人会不会认为我不照顾他们，还有门卫会不会认为自己不体贴他。这样，不调整十几遍，奖金是发不下去的。假如是个歌手，上台之前就想东想西，一身衣服会换上十几次，最终还是带着疑惑上场，上场后发现掌声没料想的热烈，心里就又嘀咕上了……这样的歌手肯定唱不好的。而假如是个外交官，或许就被人家牵着鼻子走，把自己国家都给卖了。

生活中的最佳境界就是不卑不亢，这样才能不失自我。一个小职员见到总经理时很可能拘谨的语无伦次，而当他跳出总经理的圈子，就可能是大方自如。当你太在乎别人评论时，你也会在不知不觉地失去了自我。在日常生活中，我们常常会发现，有些人我行我素、对别人的反应迟钝却往往很让人佩服。只要我行我素而不侵犯别人，这些人总是很受人欢迎的。

其实，追求一种充实有益的生活，其本质并不是竞争性的，并不是把夺取第一看得高于一切，它只是个人对自我发展、自我完善和美好幸福生活的追求。那些每天一大早来到公园练武打拳、练健美操、练太极的人，那些只要有空就练习书法绘画、设计剪裁服装和唱戏奏乐的人，根本不在意别人对他们的姿态和成果品头论足，也不会因没人叫好或有人挑剔就停止练习、情绪消沉。他们的主要目的不在于当众展示、参赛获奖，而是自得其乐、自有收益，满足自己对生活美和艺术美的渴求。

其实，获得幸福的最有效的方式就是不为别人而活，不让别人的评论影响自己，就是避免去追逐它，就是不向每个人去要求它。通过和你自己紧紧相连，通过把你积极的自我形象当作你的顾问，通过这些，你就能得到更多的认可。要看重自己，珍爱自己，不必太在乎自己的容貌，不必太在乎自己的面子，不必为了穿什么衣服、是否说错了某句话而思考良久，甚至忧心忡忡，应活出属于自己的

第四章 活出自我
——戒依赖任何人

119

精彩。

当别人对你的所作所为评头论足、说东道西时，你完全不必在乎。你唯一能做的，就是不要理会，时间能证明一切，流言终会不攻自破。如果你太在意它，它反而会渗入你的身体，摧残你的意志，影响你的心情。如果你没有做错事，那么就挺起胸膛，勇敢地面对众人的目光吧。

过度在意别人的言语，只会徒生许多烦恼。而且当你被那些评论搅扰到自己内心的时候，你向前迈进的勇气也会渐渐熄灭。

# 戒除怯懦，获得勇气

命运是公平的，每个人都可以在人生舞台上找到适合自己的角色，只要有一颗勇敢的心，别人所认为的缺陷也可以成为一种别样的美丽。

胆怯是来自内心的魔鬼，它会毒害你，扼杀你的信心、勇气，让你变成一个彻头彻尾的胆小鬼。因此你必须消灭它，这样你才能活得轻松快乐。

胆怯是影响女人高兴和痛苦的一种心理活动，由于它的外在表现影响到人的交往和个人魅力的展现，人们才觉得它需要克服。根据神经语言学 NLP 的原理，人的活动是受意识所支配，表层意识受更深层意识所控制，因此，经过一定的自我训练，胆怯是可以容易地自我克服的。

在做一件事前，很多人常会对自己说："算了吧！这是不可能的。"其实所谓的"不可能"，只是他们不敢去面对挑战的借口，只要你大胆去尝试，你就可以把很多"不可能"变成轻而易举的事。

大多数女人认为不可能做到的事肯定是十分困难，甚至是难以想象的事。因为太难，所以畏难；因为畏难，所以根本不敢尝试；不但自己不敢去尝试，认为别人也做不到。

其实，世上没有什么不可能办到的事，办成只是个时间问题。客观上没有"不可能"，并不等于主观上没有"不可能"，如果主观上认为"不可能"，那就真的不可能了；主观上认为"可能"，那么，任何暂时的"不可能"终究会变成"可能"。

李岚从小就受过正统音乐的训练，但开始唱歌却是最近几年的事，从前甚至有人声称她没有唱歌的天赋，因为她的声音里有一种沙哑的味道，而这些味道是当时流行乐坛所没有的。但李岚的音乐才能并没有被无情的嘲讽所埋没，她也没有因为被别人否定、自己的嗓音不好而自卑，相反，这更激起了她学习音乐的热情。开始她以填写歌词为主，那时她正在南加大电影学院专攻剧本创作，偶尔的机会她进了录音棚并引起了别人的注意，于是便加入了巡回演出的爵士乐团，真正的开始了演唱生涯，1998年无疑是她音乐事业的一个转折点，Epic唱片公司与李岚签约，开始着手准备《On How Life Is》专辑的录制工作，这张专辑的音乐风格极具多样化，Hip-Hop、黑人灵歌、说唱、疯克、摇滚等乐风的有机结合不得不让人赞叹不已，音乐整体风格呈现出一种悠闲自得、一气呵成的特点，使听者的情绪随着音乐的节奏和曲调不断变换，质感十足且细致入微的声音和巧妙的编曲尤其让人陶醉……

世上没有什么不可能。既然上天安排我们来到这个世界，我们就需要为自己精彩地活着找一个充足的理由。"天生我材必有用"。只要我们相信自己，认可自己，勇敢地展现自己，成功就有可能会不经意间向我们靠拢；即使失败了，那也很有可能是下一个成功的开始，记得前可口可乐公司总裁古兹维塔曾说过这样一句话："我因为做我自己而有今日，未来我也仍将如此。"

其实，很多时候我们与成功无缘，并不是因为我们长得丑，脑子笨，家境差，而是在事情开始之前我们就错误地以为自己不行，低人一等。不自信才是成功的最大"杀手"。而不自信正是因为我们太懦弱，太容易向周围的意见和评价屈服。

泛化集团的创始人、首席执行官潘杰客说过这样一段话："其实，所谓名人并没有什么统一的标准，也许，名人就是心灵自由的人。相比较他们头上的光环，他们身上那种很自信、很自我的状态，才是最让人羡慕的东西。"

胆怯是人生成功的大敌，它会损耗你的精力，折磨你的身心，缩短你的寿命，让你失去信心，阻止你获得人生中一切美好的东西，克服它你才能给自己赢得一次成功的机会，如果你不愿失败，就立即行动向胆怯挑战，人生的路很漫长，如果你一直都无法面对心底的这个魔鬼，到头来后悔也来不及了。

敢于直面胆怯，克服你的胆怯心理，人生便不再永远黑暗，敢于争取的女人才会给自己争取成功境界里的一席之地，如果你无法战胜自己的胆怯心理，幸福也就会与你擦肩而过。

女性朋友要知道在我们成为"名人"之前，任何人都可以贬低、抹杀甚至放弃我们，但是，唯独我们自己不可以。请记住"不可以"的理由：人人都要有一颗勇敢的心！

# 戒除自杀的念头，选择坚强

在我们的观念中，人既然来到了这个世界上，就应该完成一个完整的世界体验，就像一段旅程一样，既然上了这趟车，就应该一程一程地走下去。

张晶是一个很有才华的女孩，她的生活应该是幸福的，至少在外人看来是幸福的。她和老公的感情很好，生活中也没有什么不如意的事情，只是从别人那儿了解到她患有抑郁症。有一次朋友发现张晶手腕上缠着一层厚厚的纱布，问她怎么了，她很平静地告诉朋友她自杀了，割腕，但是没死成，事发那天，张晶觉得心情坏到了极点，于是就找了一家宾馆，开了一个房间。张晶自己带去了一瓶酒和一些安眠药。在房间里，张晶用酒将药吃了下去，然后拿刀在自己的手腕上划开了一个口子，然后她躺在浴缸里睡着了，等她醒来发现手腕上的血凝固了，这是遗传，他们家人都这样。于是她又划了一刀，又睡了过去，等她再一次醒过来，发现血又凝固住了。整件事情极富戏剧性，但是张晶平静地叙述仿佛在说别人的事情一样。朋友听后不知道该对她说些什么。

他们都曾是受人瞩目的名人，在别人的眼里，他们的生活是令人称羡的，但是他们也以这种方式结束了自己的人生旅程。

阮玲玉，中国早期著名影星，一个美丽的女子，那种美丽是别人学不来的。后因感情问题自杀身亡，死前留言"人言可畏"，让我们感受到一个才女，一个对社会感到无奈女子的叹息。

三毛不但没有向喜爱她的成千上万的读者道别，甚至还在最后写的文章当中，邀请亲爱的朋友，"跳一支舞也是很好的"。她曾经这样形容自己的一生，"我的这一生，丰富、鲜明、坎坷、也幸福，我很满意……现在，我不要了。我有信心，来生的另一种生命也不会差到哪里去。"结果她真的说到做到了。

梦露 1926 年 6 月 1 日出生在洛杉矶，原名叫诺玛琼贝克。她的父亲身份不明，原来做电影剪辑师的母亲由于有心理问题最终被送到精神病院。诺玛琼贝克 16 岁前生活在收养孤儿的家庭、孤儿院和母亲朋友家中，受了不少折磨。之后她一路走红，成了美国人心中的性感女神。1962 年 8 月 5 日，时年 36 岁的梦露却死在洛杉矶的家中，验尸报告说她体内含有致命剂量的巴比妥酸盐———一种镇静剂。

作为女人，应该珍惜只有一次的人生，最重要的是负起生命经营与管理的责任。生命作为一个过程，不同时期的生命资源有着不同的分布与特点。就像大自然的春夏秋冬一样，有着各自美丽的内涵：春的鲜花，夏的绿叶，秋的成熟，冬的深沉。万不可冬天里做春天的事，秋天里唱春天的歌，季节的错位将使生活变得紊乱、尴尬甚至悲哀。

青春，是女人发育的关键期，做人、求学、开拓、进取，为一生立业生存奠定根基。诚然，也是恋爱和生命繁衍的季节。切记，青春只是回眸时醉心的一瞬，经营青春要有紧迫感。

中年，生活的历练给了女人智慧与深沉，懂得生命的圆熟与底蕴，不再孜孜于虚荣与浮华，但求家庭事业稳定发展，踏实地做自己能做的事和喜欢的事。他们有着清晰的生命经营理念：昨天是已用过的支票，明天是未发行的债券，今天才是现金。重要的是好好活着，活在现今比什么都实际。

老年是生命的顶峰，明了人生的全景和限度。生命中许多东西虽已消耗殆尽，唯有尊严和安详是老年人经营健康和自我关爱的法宝。

至于生命的管理，很重要的是指以人为本的对健康的管理。尤其要指出的是，虽然只有一次人生，但不必过于看重人生的成败荣辱、福祸得失。若视成功和幸福为人生第一要义和至高目标，则把人生看成一种功利性的占有物。其实，人生中还有更重要的东西，这就是凌驾于一切成败祸福之上的豁达胸怀。境由心造，如能有淡泊名利、宁静致远的人生境界，就意味着做自己生命健康的主人。

人的一生不可能一帆风顺，每个人都会遇到这样或那样的不顺心，问题是我们应该如何去做，是一味逃避，还是勇敢地去面对。时间是修复心灵创伤的良药，例如离婚女人应多与人沟通，多交朋友，有了心理问题应当学会向朋友倾诉。一次婚姻的失败，并不能说明什么，应该向前看，也许你的幸福就在前面。

就女人自身而言，健康管理最重要的是心情的调适，即心理健康和精神健康。有好的心情就有好的生命质量。

# 戒除悲观，人生才会变得美好

一个被"悲观心态"困扰的女人，纵然嘴里可能时常在念叨成功、幸福、好运，但这一切都因为他们心中充满着恐惧、畏怯、消极、怠慢等而变得虚无缥缈。

哲人说，在女人一生的航程中，悲观心态者一路上都在晕船，无论目前境况如何，她们对将来总是感到失望、担心，无法感受快乐、好运和幸福，更谈不上充分享受人生旅程中美好的风光了。

世界上最伟大的发明家爱迪生面对烧毁的实验室，并没有伤心和悲观，而是和同事说："不要紧的，大火烧掉了房子，把我们的错误也烧掉了。"他在困境中看到的更多的是希望。

美国作家富兰克林曾说："世界上有两种人，他们的健康、财富以及生活上的各种享受大致相同，结果，一种人是幸福的；另一种人却得不到幸福。"他又说："他们对人、事、物的观点不同，那些观点对于他们心灵上的影响因此也不同，苦乐的分别主要也就在此。"

那么这两种人平时所关注的是什么呢？他又说："乐观的人所注意的只是顺利的际遇、说话之中有趣的部分、精制的佳肴、美味的好酒、晴朗的天空等，同时尽情享受。而悲观的人恰恰与他们相反。"

哲人说，世间美好的东西尽为乐观者所有，造物者派给他们的使命就是要他们尽情地占有和享用美好。而悲观的人，一生都在失去，失去快乐、希望、前程和美好的人生。

乐观和悲观是人生的两种态度，拥有乐观心态的女人，看任何事情都能看到事物的长处，看到对自己有利的一面，从而看到希望；悲观的女人看问题总是盯着事情不好的一面，越看越烦，越看越消极沮丧。

乐观者认为，每一件事情都有它积极的意义，即使是坏事，也能发现它对人生的教益。因此，每个女人都应当主动做个乐观的人，别让悲观的心态长期主导自己的心理和行为。

乐观与悲观这两种截然不同的心态在每个女人的心中都会交替出现，没有谁能保证自己时刻都是积极的、乐观的。但在更多的时候，我们要引导自己以乐观的心态看待发生在自己周围的事情。

一位挑水的农妇有两个用了很久的水桶，分别吊在扁担的两头，其中一个桶有裂缝；另一个则完好无缺。在每趟长途的挑运之后，完好无缺的桶，总是能将满满一桶水从溪边送到主人家中，但是有裂缝的桶到达主人家时，却剩下了半桶水。

两年来，挑水农妇就这样每天挑一桶半的水到主人家。当然，好桶对自己能够装满整桶水感到很自豪。破桶呢？对于自己的缺陷则非常羞愧，对自己的命运感到悲哀，它为只能负起责任的一半，感到非常难过。

饱尝了两年失败的苦楚，破桶终于忍不住，在小溪旁对挑水农妇说："我很惭愧，你还是抛弃我吧。""为什么呢？"挑水农妇问道："你为什么这么想呢？""过去两年，因为水从我这边一路的漏，我只能送半桶水到你主人家，我的缺陷，使你做了全部的工作，却只收到一半的成果。"破桶说。挑水农妇富有爱心地说："我们回到主人家的路上，我要你留意路旁盛开的花朵。"

果真，她们走在山坡上，破桶眼前一亮，看到缤纷的花朵，开满路的一旁，沐浴在温暖的阳光之下，这景象使他开心了很多！但是，走到小路的尽头，它又难受了，因为一半的水又在路上漏掉了！破桶向挑水农妇道歉。挑水农妇温和地说："你有没有注意到小路两旁，只有你的那一边有花，好桶的那一边却没有开花呢？虽然你只能为我装半桶水回到目的地，但却浇灌了一路美丽的花草。每回我从溪边来，你就替我一路浇了花！两年来，这些美丽的花朵装饰了主人的餐桌。如果你不是这个样子，主人的桌上也没有这么好看的花朵了！"

生活中的很多事情都如那个漏水的水桶一样，能够从不同的方面给予不同的评价，你乐观地看待某事，就能发现其中更多积极的意义，这样也能给自己带来更多的快乐。一切困难，都可以克服。

乐观之于人生，是浮荡在地平线那袅袅升起的热望与希冀，是寻得一份旷达与美好的铺垫与勇气。在乐观中撷取一份坦然，你的面前就会盎然多彩，若在悲观中摘下一片沉郁的叶子，只能瓦解你积蓄的力量。那些不停抱怨的悲观者，看到的总是事情灰暗的一面，即便到春天的花园里，他看到的也只是折断的残枝，墙角的垃圾；而乐观者看到的却是姹紫嫣红的鲜花，飞舞的蝴蝶，自然，他的眼里到处都是春天。

女人要明白，你越怕什么，就越会发生什么。因此，一定要懂得运用积极态度所带来的力量，要相信希望和乐观能引导你走向胜利。即使处境艰难，也要寻找积极因素。这样，你就不会放弃取得微小胜利的希望。

# 第五章
# 社交得体——戒放弃自己的底线

    中国人讲究待人接物既要诚恳热情，又应当合乎彼此身份的关系，符合礼仪规范。如果一味只顾热情友好，而不顾"礼"的适度，就是所谓"热情越位"。"热情越位"与不够热情同样有害。"热情越位"会被人视为失礼和没有教养的表现。所以，身为女人在社交中更要得体，不要放弃自己的底线。

# 任何场合，都不要丢了涵养

女人一定要有涵养，就像男人一定要有宽广的胸怀一样。在这一点上，职场女人由于受到了工作和人际关系所限，通常都做得很好。

有涵养的女人由内而外都散发着一种高贵、优雅的气质，不论在什么场合都不会由着自己的性子来，好的涵养可以让她们克制自己的不满，冷静下来理智地解决问题，而不是摔门而去，冲动之下，失去本该拥有的机会。涵养是所有女人美丽的底色，居家女人也不例外。

通常喜欢读书的女性都很有涵养。

小雅是公司的财务总监，聪明漂亮，老公自己经营着一家公司，两人是大学同学，十分恩爱，绝对的事业爱情双丰收。

一次，她和同事逛商场时，发现自己的老公搂着一个和自己女儿差不多的小女孩谈笑风生，小雅当时很没面子，真想冲上去给老公和那个不要脸的女孩两个耳光。

老公看到她也愣了。然而小雅却平静了一下，走到老公面前，说："嗨，逛街呢，继续！"说完优雅地走了过去。事后才知道原来那是老公同学的女儿，出国不在家托他照顾。小雅庆幸自己当时没有冲动，老公也开玩笑地说："小样儿，看不出来挺镇静呀，不过谢谢你！没有让人家见识到你这位'醋劲十足'的阿姨的厉害！"

作为女人，不要总指望自己的每次付出都能够得到回报。生活中充满着诸多的无奈，有些目标并非努力了就能达到。偶尔给自己找个借口，给自己一点宽容，学会用理智控制情绪。理智给女人带来的是智慧，智慧让女人把握住了自己。如果女人能够拥有深厚的涵养、非凡的气度，就能在今后的生活中得到更大的回报。

什么是涵养？涵养就是控制情绪的能力，而并非软弱。所谓软弱是指无条件的屈服，涵养是指有原则的谦让，指身心方面的修养功夫。相信很多女人会经常陪着你的他参加会议、聚会，在社交场合如果你能给他争来极大的面子，那么相信你的他会更加在乎你、更加欣赏你的。

在参与社交活动时，必须注意仪表的端庄整洁，适当的修饰与打扮是应该的。女人外表固然很重要，但女人真正的魅力要靠内涵透出的一种让人信服的内在气质来体现，这就是内涵。女人味是女人至尊无上的风韵——一个女人长得不漂亮不是自己的错，但没有内涵就是自己的问题了。

女人如何让自己在任何场合都保持着一种优雅的涵养呢？

（1）多读书

书，使女人的生活充满光彩，使女人有正确的思想；书，能净化女人的灵魂。因此读书的女人看起来都是很有修养的，那种内涵可持续她的一生。

（2）练就大的肚量

就算生气了也要扬扬嘴角，斤斤计较的话别说是涵养，就连教养都会戒掉。

（3）不要穿得花枝招展

在选择服装时，应该精心地挑选，慎重地对待，要根据自己的年龄、身材、职业特征去合理的搭配，这样才会给人以耳目一新感觉。有品位的服装也会时刻提醒你注意自己的身份和仪表，不管遇到什么突发状况，都能保持冷静。

女人，不能因为性别的优势就得寸进尺，那样反而会让你失去别人的尊敬，随时保持应有的涵养，才能让你周围的一切尽在掌握。

# 戒除傲慢无礼，养成谦逊优雅的言谈之风

女人在社会生活中，要相信一点，没有谁会喜欢那些傲慢无礼的人，而那些言谈举止谦逊优雅的人则会给人留下很好的印象，自然一帆风顺。

尤其是女人在这方面更要注意，不要光顾着打理自己的外在美，你的一言一行之中所体现的修养和素质更能代表你的形象和能力，所以养成谦逊优雅的言谈之风是一个有心计的女人的必修课。

那么，具体来讲，应该怎样在这方面提高自己呢？

（1）使用礼貌用语

所谓"礼多人不怪"，一定要注意自己的礼貌用语。

第一，经常使用日常生活中的见面语、感情语、致歉语、告别语、招呼语。早晨见面互问"早晨好"，平时见面互问"您好"；初次见面认识，可说"您好""很高兴和你认识"；分别时说"再见""请再来""欢迎您下次再来"；特定情况的告别可用"祝您晚安""祝您健康""祝您一路顺风"；有求于人说声"请""麻烦您""劳驾""请问""请帮助"；对方向您道谢或道歉时要说"别客气""不用谢""没什么""请不要放在心上"。

第二，养成对人用敬语、对己用谦语的习惯。一般称呼对方用"您"，对长者用"大爷""大妈""先生"；对少年儿童用"小朋友""小同学"；称呼别人用"各位、诸位"；对自己或自己一方的人可以用"个"。例如：对方问"几位？"自己答"×个人"。

第三，多用商量语气和祈求语气，少用命令语气。如"您请坐""希望您一定来"等。这样语词和气、文雅、谦逊，让人乐于接受。

第四，说话要考虑语言环境。不同场合，不同情况，谈话人的不同身份，谈不同事情，需要用不同语气。如商业工作者出于工作和礼貌需要，见矮胖型的女顾客应说"长得丰满"，见瘦长体型的女顾客应说"长得苗条"。其实"丰满"和"苗条"是"肥胖"和"瘦长"的婉转说法，但前者易为别人接受。其次，要考虑不同的对象。在我国，人们相见习惯说"你吃饭了吗？""你到哪里去？"有些国家不用这些话，甚至习惯地认为这样说不礼貌。因此见了外国人就不适宜问上述话语，可

第五章

——戒放弃自己的底线

社交得体

改变用"早安""晚安""你好""身体好吗""最近如何"等。

第五，注意说话的空间和时间。谈话人的身份各异，如果是长者、上级、师辈，谈话的距离太近和太远都是失礼的。男女之间谈话，距离则不宜太近。说话的时间过长、过多、中途停顿，都是不礼貌的。

总之，要根据时间、地点、对方的身份（年龄、性别、职业等）以及和自己的关系，多说并恰当地选择人情话和礼貌用语。该说好话时就要说，甚至多说一些也无妨，没有人因为听到好话而产生反感。要想在人际交往中处处受欢迎，就要适时地用语言表现出自己的礼貌与修养。

（2）切忌自傲自大、自吹自擂

有些女人总喜欢胡乱地吹嘘自己。这种人的口才或许真的很好，但只会令人厌恶。

这样的人并非是直率，就连一些单纯的事她都要咬文嚼字地卖弄一番，看起来好像是很精于大道理的样子，说穿了只是由于强烈的自我表现欲所产生的虚荣心在作祟。

以简单明了的词汇来发表的言论，必须先充实实际内容，再以简单而贴切的词汇表达出来，这其实远比稍具难度的辩论更困难。

有些女人乍看之下很平凡，似乎没有什么可贵之处。但经过认真交谈之后，别人能够很直接地被其内心的思想所感染，这种人所使用的词汇往往最简单明了。

（3）不要不懂装懂

女人如果凡事都一无所知，心里容易产生唯恐落于人后的压迫感，这也是人们常见的心态。在绝不服输或"输人不输阵"的好胜心作祟下，随时都想找机会扳回面子，因而容易对自己不明白或似是而非的事情不懂装懂。

一位小杂志社的女社长王女士，不管是什么场合她总喜欢装腔作势，故意地降低自己的声调来表现庄重的样子。不但如此，她也总是一副无所不知的样子，这种姿态让人觉得她好像在做自我宣传。

然而不论她再怎么装腔作势，夹着再多的暗示性话语或英语来发表高见，还是得不到他人的认同。而这位女士所出版的杂志或周刊，也总是被人批评为现学现卖、肤浅的杂学之流，这是因为她对任何事都喜欢作评断。自己本来没有高人一等的智慧，却装出一副什么都知道的样子，这样是会让人看做是虚张声势的伪君子。

在朋友关系中最令人敬而远之的，就是这种一点也不可爱的女人。承认自己也有不知道的事并不丢人，为了要自抬身价而不懂装懂，一旦被对方看穿，反而会令对方产生不信任感而不愿与之交往。

"闻道有先后，术业有专攻"，每个人都有自己的专长，不可能每件事都很精通。

愈是爱表现的人，愈是无法精通每件事。人们之间应该互相取长补短，别人比自己专精的地方就不耻下问，即使是自己很专精的事，也要以很谦虚的态度来展现实力，这样才能说服他人。

所谓很谦虚的态度，是指对于自己了解的事物，不妨表示一下自己的意见，只是说话技巧要高明。

现代社会可以说是一个高度复杂的信息社会，每个人所吸收的知识都不可能包含万事万物。若不以虚心的态度与人交往，则不能够受到大家的欢迎；凡事都自以为是的人，必然得不到大家的尊敬。

不论是不懂装懂还是真的无知，都同样有碍交际范围的扩展。

最后，让我们再重温一下学生时代的那句经典的口头禅：骄傲使人落后，谦虚使人进步。这朴素的真理是每一个有心计的女人都应该牢牢掌握的。你不仅要记住它，更要深深地理解它的含义，并把它当做自己言行的指导思想。唯有如此，你才能真正养成谦逊优雅的言谈之风，让所有的人都无法拒绝你。

## 不要忘记：距离产生美

"距离产生美"，这句话并不只适用于恋人，朋友之间也是如此。

朋友之间的关系作为人际关系的一种，可近可远，虽没有骨肉血脉的相连，但却有一种亲情无法替代的东西——物以类聚，人以群分，你身边的朋友都和你是同一类人或者和你有共同之处，让你有一种心灵互动的感觉。

但也有这样的时候——你认为你的好朋友对你了如指掌，有许多事不该对她有所隐瞒，然而从某一天开始她却突然疏远你，让你感到莫名其妙，或许有时你会替她做许多事，但她却不太领情……

朋友之间互相关心是毋庸置疑的，但每个人都有自己喜欢的生活方式，如果任何事都不分你我的话，是不是也会使友情陷入一种尴尬的境地呢？

君子之交淡如水。

友情，不如爱情甜蜜，也没有亲情温馨，但是当你遇到挫折或者难以言语的麻烦时，你可能无法和伴侣开口，更不愿增加亲人的牵挂，一个人苦闷不堪的时候，朋友伸过来的手往往是你口渴时最甘甜的"泉水"。

"君子之交淡如水。"朋友之间或许没有海枯石烂的誓言，也不用防备"朝三暮四"的变迁，更不必讲究嘘寒问暖的客套。当你失恋的时候或遇到不顺心的事情时，朋友就是那个半夜三更打车到你家中陪你度过漫长的夜晚，愿意做你的听众、却又不会让你感到内心不安的人。你可以抱着她哭到天亮，大声发泄你的不满，她不会嘲笑你，也不会讽刺你，她会陪你伤心，陪你一起骂可恶的老板或者是那个可恶的男人。你的烦闷与苦恼尽可以向她和盘托出。你感激她的耐心，她感谢你的信任，然后互道珍重各自开始明天的生活。

现代都市中的人都如刺猬一般，小心翼翼地保留着自己的感情，朋友之间真诚最重要，敞开你的心扉，感受对方的温暖和关爱，多交几个好朋友，跟你一起分担所有的欢喜悲忧。有空的时候搞个聚会，需要的时候打个招呼，朋友就是这么简单。

给彼此个人的空间。

心理学家霍尔认为，人际交往中双方所保持的空间距离是人际关系的表现，研究发现，亲密关系（父母和子女、情人、夫妻间）的距离为18英寸，个人关系（朋友、熟人间）的距离一般为1.5～4英尺，社会关系（一般认识者之间）一般为4～12英尺，公共关系（陌生人、上下级之间）的距离为12～25英尺。

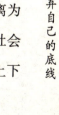

朋友往往因为在思想、情趣等方面的相通或互补而建立了比较亲密的友谊，我们在朋友面前，不用刻意地去隐瞒自己的恶习，但也不要坦诚地倾诉自己所有的缺点，记住：朋友只能介入我们生活的一部分，而非全部。

有的人把好朋友当成自己，认为好朋友之间就不能有秘密，其实，"无话不说"也得要有个限度。

小美和小晴是特别要好的朋友，两个女孩同吃同住，好得就像一个人，彼此对对方都了如指掌，处了什么朋友，公司发生什么事情等等，由于她们太熟悉对方而不分你我，小美认为对方的秘密就是自己的事，有的时候就讲给别的女孩听。小晴知道了就很不高兴，两人第一次发生了争吵，小美觉得很委屈就搬了出去，两个朋友的关系即使维持下去也有隔阂。

所以，就算是对最好的朋友，也要适当保留一些你个人的秘密，不要公开你的私人生活来证明你对朋友的诚意，也不要把朋友的秘密到处宣扬。

朋友要志同道合，生活上能互相关心，私人生活上又相对独立，彼此不打扰对方喜欢的生活，那才是我们想要的友谊。

# 不要越过男女交往的底线

女性交往中的男性通常都是同学或者客户发展成为朋友的，那么男女之间是不是真的没有纯洁的友谊呢？

女性朋友在社交中经常能遇到对自己有好感的男性，置之不理吧，两个人还有业务往来，关系不应该闹得太僵，如何把握这个度，才既不会伤害别人，也不会引起不必要的误会呢？

不少男士在和某个女性交往一段时间后就觉得"我们俩这么好，无话不说，我又时时刻刻关心爱护你，跟我谈恋爱应该是早晚的事"；可是女方却不会这么想，她们总觉得一旦两个人做了那种"把窗户纸给捅破了的事"，今后就没有办法在一起工作或生活中再面对对方了，而且这种关系必定会伤及无辜。

应该说这种边缘的交往绝非医治心灵创伤的灵丹妙药、填补感情空虚的救命稻草、报答对方帮助的无价礼物。所以男人切忌迈过这道门坎，女人则应该谨慎把握两性交往的分寸，不要给对方留下幻想的空间。因此在社交活动中和男性交往要注意几个事项：

（1）不宜过分亲昵

过分亲昵不仅会使自己显得太轻佻、引起人们的反感，而且还容易造成不必要的误会，即使是已经确定关系的恋人最好也不要随意流露热

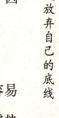

情和过早的亲昵。

（2）不宜过分冷淡

因为冷淡会伤害男方的自尊心，也会使人觉得你高傲无礼、孤芳自赏。

（3）不必过分拘谨

在和男性的交往中，要该说就说，该笑就笑，需要握手就握手，需要并肩就并肩，忸怩作态反而使人生厌；反之，过分随便也不好，男女毕竟有别，有些话题只能在同性之间交谈，有些玩笑不宜在异性面前开，这都是要注意的。

（4）不要饶舌

故意卖弄自己见多识广而滔滔不绝地讲个不停，或在争辩中强词夺理不服输，都是不讨人喜欢的；当然，也不要太沉默，总是缄口不语，或只是"噢"、"啊"，哪怕你此时面带微笑，也容易使人扫兴。

（5）不可太严肃

太严肃叫人不敢接近、望而生畏，但也不可太轻薄。幽默感是讨人喜欢的，而"二百五"地故意出洋相，就适得其反了。

男女交往一定要掌握好分寸，这全靠你自己去细心体会与把握了！

# 别忘记控制自己的脾气

心理学研究表明，脾气暴躁，经常发火，不仅增强诱发心脏病的致病因素，而且会增加患其他疾病的可能性。

女人发脾气会让自己衰老得很快，还会导致更年期的提前。而有效地抑制生气与不友好的情绪，使自己融于他人，会提高自己的修养。要知道，"生气就是拿别人的错误惩罚自己"，你会做那么愚蠢的事情吗？

每当你想要发脾气的时候，先在心中数十个数控制一下，如果你仍然觉得需要发脾气，那就发吧。以下是几种控制自己发脾气的办法，不妨在发脾气之前试试看：

（1）意识控制

当你愤愤不已的情绪即将爆发时，用意识控制一下自己，提醒自己应当保持理性，还可进行自我暗示："别发火，发脾气会让自己多长几条皱纹的。"

（2）自我检讨

勇于承认自己爱发脾气，必要时还可向他人求助，让自己从今以后克服这一毛病。经常发脾气的女人会让男人觉得不可理喻，时间长了也会让人觉得厌烦和恐慌。

当一个人受到不公正的待遇时，任何人都会怒火万丈，但是无论遇

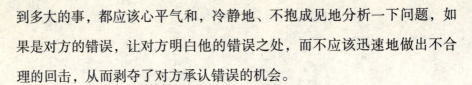

到多大的事，都应该心平气和，冷静地、不抱成见地分析一下问题，如果是对方的错误，让对方明白他的错误之处，而不应该迅速地做出不合理的回击，从而剥夺了对方承认错误的机会。

（3）推己及人、将心比心

就事论事，如果任何事情你都能站在对方的角度想一想，那么你就会觉得没有理由迁怒于他人，气也就自然给消了。

学会宽容，巧妙地控制自己的脾气，不愉快的心情也会随之消失。脾气暴躁的女性很容易让人产生反感，尤其是职业女性，会给别人一种很浮躁的印象，影响你在别人心中的形象。

温柔是女人的天性，善解人意是女人最大的优点，女人的宽容和善良能化解所有的矛盾和不愉快。

女人，控制你的脾气，展现你迷人、大度的微笑，你会发现，没有过不去的坎，没有办不成的事。

# 不要轻视沟通的功效

女人都是天生的外交家，但是在与人沟通中难免会遇到一些解决不了的问题。如何走出尴尬的误区，快速调整与人沟通的方式，达到自己的目的，使局面对自己更加有利呢……

告诉你一个关于沟通的小秘诀，当你遇到沟通障碍时，把自己的现状列举出来：

问题一：我现在愿不愿意做一些事来让沟通的状况做一些改善？

问题二：我对这件事的定义是什么？（不妨把定义写在纸上）

问题三：我现在下的定义可不可能是一种错误的诠释？或看错了角度？我有没有收集到所有可能的证据来证明这件事一定是这样的呢？

问题四：这件事还有什么别的意义呢？

问题五：我现在应该做哪些事情会感觉更好点？我需要改变看事情的角度吗？我需要了解对方的角度吗？我需要改变现在做事情的方式吗？我需要彼此下一个承诺或道歉或让他了解目前的需求吗？

问题六：我现在能如何做更有效地沟通，让彼此在沟通上更进一步，增进彼此的人际关系呢？

问题七：这件事解决或者不解决对我有什么影响？

当你遇到沟通状况不良时，把这些问题的答案写在纸上，它在关键时刻能启发你渡过沟通不良的难关，寻求更好的沟通方式，而不是使情况恶化。聪明的女人不妨试一下。

把沟通当成功课，每天温习与别人交流有哪些不足，你很快会成为沟通高手的！

# 别怕与陌生人打交道

在我们日常生活中，几乎每天都要与陌生人打交道。很多人都有这样的体验：在走进一间陌生的房间，或者与一个不熟悉的人碰面时，在心里对自己说的最多的一句话，就是："我该怎么样打破僵局，交到朋友？"

独处的时候，有时又会突然想到："啊，那天我很唐突地说了那样的一句话。"或者："哎呀，我当时怎么说了那么破坏气氛的话。"想起来的时候，真是恨不得咬掉自己的舌头。

可是，世上没有卖后悔药的，我们只好悔恨地提醒自己：下次不可以再犯。可是这样的话，又经常弄得自己很紧张，甚至惧怕与陌生人约会。

那么，如何找到说话的共通点，如何打破僵局，如何在短时间内就能取得良好的交际成果……这就需要我们认真学习一下与陌生人说话的技巧了。

（1）察言观色，寻找共同点

一个人的心理状态，精神追求，生活爱好等等，都或多或少地要在他们的表情、服饰、谈吐、举止等方面有所表现，只要你善于观察，就会发现你们的共同点。

当你在宴会中和陌生女性打交道的时候，她其实也一样内心忐忑。你可以聊聊化妆品、衣服，问问她的唇彩是什么牌子的，很漂亮。

当然，这察言观色发现的东西，还要同自己的情趣爱好相结合，自己对此也有兴趣，打破沉寂的气氛才有可能。否则，即使发现了共同点，也还会无话可讲或讲一两句就"卡壳"。

（2）以话试探，寻找共同点

两个陌生人相对，为了打破这沉默的局面，开口讲话是首要的，有人以招呼开场，询问对方籍贯、身份，从中获取信息；有人通过听说话口音，言辞，了解对方情况；有的以动作开场，边帮对方做某些急需帮助的事，边以话试探。

比如，有孩子的女性可以谈谈孩子，喜欢运动的可以谈谈运动，韩剧、奥运会都是不错的话题，很快就能达到相处融洽的效果。

（3）听人介绍，猜度共同点

你去朋友家串门，遇到有生人在座，作为对于二者都很熟悉的主人，会马上出面为双方介绍，说明双方与主人的关系，各自的身份，工作单位，甚至个性特点，爱好等等，细心人从介绍中马上就可发现对方与自己有什么共同之处。

一位是税务局的公务员，一位是中学教师，在一个朋友家见面了，

第五章 社交得体
——戒放弃自己的底线

145

主人把这对陌生人作了介绍，她们马上发现都是主人的同学这个共同点，马上就围绕"同学"这个突破口进行交谈，相互认识和了解，以至变得亲热起来。

这当中重要的是在听介绍时要仔细地分析认识对方，发现共同点后再在交谈中延伸，不断地发现新的共同关心的话题。

（4）揣摩谈话，探索共同点

为了发现陌生人同自己的共同点，可以在需要交际的人同别人谈话时留心分析，揣摩，也可以在对方和自己交谈时揣摩对方的话语，从中发现共同点。

（5）步步深入，挖掘共同点

发现共同点是不太难的，而且是谈话初级阶段所需要的。随着交谈内容的深入，共同点会越来越多。为了使交谈更有益于对方，必须一步步地挖掘深一层的共同点，才能如愿以偿。

一个度假的女大学生和一位在法院工作的女同志，在一个共同的朋友家聚餐，经主人介绍认识后，陌生人谈了起来，慢慢地二人都发现对社会上的不正之风的看法有共同点，不知不觉地展开了讨论，她们从一些令人发指的社会现象，谈到产生的土壤和根源，从民主与法制的作用，谈到对党和国家的期望。越谈越深入，越谈双方距离越缩短，越谈双方的共同点越多。

事后，双方都认为这次交谈对大学生认识社会，对法院同志了解外面的信息和群众要求，增强为纠正不正之风尽力的自觉性都是有益处的。

寻找共同点的方法还很多，譬如面临的共同的生活环境，共同的工作任务，共同的行路方向，共同的生活习惯等等，只要仔细发现，陌生人无话可讲的局面是不难打破的。

初次见面，多说不如少说，适当的矜持还是很必要的。

# 女人不要忽视自己独特的社交优势

女人，心思细腻，感情敏锐，是天生的外交家，在社交中有自己独特的优势。

女人在这个社会已经和男人一样占有一席之地了，然而如何打败男人在社交中脱颖而出，就要全看女人们如何发挥女人独有的智慧与魅力了。

（1）细微而敏锐的观察力

在人与人之间的交往中，离不开对人的观察和分析，因为人们不一定用语言来表达全部思想和情感，当对方默默无语时，善于观察的女人，就能从对方的姿态、眼神和动作中了解他人的真实情感。

心理学家通过实验后认为：女人的观察力胜过男人，并将此归结为母亲的角色体验。在婴儿出生后的一段时间内，完全靠婴儿的啼哭、微笑以及其他动作表情来辨别婴儿的需要和情感，因而使女性的观察力更加细微又敏锐，而男子却较为迟钝。这就是为什么通常丈夫做事瞒不过妻子，而妻子却能瞒过丈夫的原因。

正是因为女性具有细微又敏锐的观察力，在社交场合中，她们往往能够得心应手而不至于陷入窘境。女性通过细微的观察，从对方的衣着打扮、言谈举止中判断对方的性格，捕捉真实的信息，以采取相应的对策。

（2）自然的柔情

人类社会交往是以情感为凝聚力而支配一切的。古往今来，女性优雅的举止，婀娜的身姿，甜美的嗓音，温柔的性格曾获得多少文人骚客的赞美！

女性感情细腻，注重情感，在许多社交场合，女性以柔情去化解矛盾，增加友谊，显示出强大的社交力量。

女人们在社交方面的优势自然不止这两种，不过这两种是最为突出的优势是女人们最能手到擒来的招数，所以一定要弄精、用熟才好。

女人社交的优势与方式很多，一定要更好地运用它们达到更完善的社交效果。

# 第六章
# 化解矛盾——戒凡事苛求完美

诚然,生活中确实有太多可气之事,也确实有太多可气之人。但是,"气"生得再大,也于事无补,于人无益。并且,"气"生得越多,就越伤自己的身体,倒霉的只是自己。既然如此,那为何不戒掉呢?要想摆平矛盾冲突,理性是预防针,修养是免疫力。有了这两条,生气的就是别人,快乐的就是自己。

# 不用他人的错误惩罚自己

生气的根源不外乎异己的力量——人或事侵犯、伤害了自己（利益或自尊心等）。一言以蔽之，认定别人做错了，于是愤然作色，咬牙切齿。凡此种种生理反应无非在惩罚自己，而且是为他人的错误，显然不值。

生气，几乎每一个女人都难以避免。倘若没有一点乐观豁达的态度，生活中令你生气的事俯拾皆是。不过，冷静下来仔细想想，生气，大都为他人、他事造成，错误并不在自身。令自己生气的人已经走得老远了，自己还为他生气，何必呢？

哲人康德说："生气，是拿别人的错误惩罚自己。"

人之来往，总免不了磕磕碰碰，遇不快而生气，这会破坏兴致，还会挫伤友谊和暴露缺陷，带来不良的后果。更重要的是，这是拿别人的错误惩罚自己，同时，又达不到纠正别人错误的目的。这种生气，别人感受不到不满，你也不会由此愉快。两者的效益是零。

有一天，拿破仑·希尔和办公室大楼的管理员发生了一场误会。这场误会导致了他们两人之间彼此憎恨，甚至演变成激烈的敌对状态。

拿破仑·希尔经常在下班以后还一个人在办公室里工作，这使得办公大楼的管理员无法休息。这位管理员为了显示他的不满，就把大楼的电灯全部关掉。这种情形一连发生了几次。最后一次，拿破仑·希尔正在准备一篇演讲稿，当他刚刚在书桌前坐好时，电灯熄灭了。

拿破仑·希尔立刻跳起来，奔向大楼地下室，他知道可以在那儿找到这位管理员。当拿破仑·希尔到那儿时，发现管理员正在忙着把煤炭一铲一铲地送进锅炉内，还轻松地吹着口哨，仿佛什么事情都未发生似的。

拿破仑·希尔立刻对他破口大骂，一连5分钟之久。最后，拿破仑·希尔实在想不出什么骂人的词句了，只好放慢了速度。这时候，管理员直起身体转过头来，脸上露出开朗的微笑，并以一种充满镇静与自制的柔和声调说道："呀，你今天有点儿激动吧，不是吗？"

他的这段话就像一把锐利的短剑，一下子刺进拿破仑·希尔的身体。

拿破仑·希尔转过身子，以最快的速度回到办公室。他再也没有其他事情可做了。当拿破仑·希尔把这件事反省了一遍之后，他立即看出了自己的错误。但是，坦率说来，他很不愿意采取行动来化解自己的错误。

然而他知道，必须向那个人道歉，内心才能平静。最后，他花了很久的时间才下定决心，决定到地下室去，做自己必须做的事情。

拿破仑·希尔来到地下室后，把那位管理员叫到门边。管理员以平静、温和的声调问道："你这一次想要干什么？"

拿破仑·希尔告诉他："我是来为我的行为道歉的——如果你愿意接受的话。"

管理员脸上又露出那种微笑，他说："凭着上帝的爱心，你用不着向我道歉。除了这四堵墙壁，以及你和我之外，并没有人听见你刚才所说的话。我不会把它说出去的，我知道你也不会说出去的，因此，我们不如就把此事忘了吧。"

这段话对拿破仑·希尔所造成的震撼甚于他第一次所说的话。因为管理员不仅表示愿意原谅拿破仑·希尔，还表示愿意协助拿破仑·希尔隐瞒此事，不使它宣扬出去，以免对拿破仑·希尔造成伤害。

拿破仑·希尔向他走过去，抓住他的手，使劲儿握了握。拿破仑·希尔不仅是用手和他握手，更是用心和他握手。在走回办公室途中，拿破仑·希尔感到心情十分愉快，因为他终于鼓起勇气，化解了自己做错的事。

在这件事发生之后，拿破仑·希尔下定了决心，以后绝不再失去自制。因为一旦失去自制之后，另一个人——不管是一位目不识丁的管理员还是有教养的绅士——都能轻易地将自己打败。

宽容地对待你的敌人、仇家、对手，在非原则的问题上，以大局为重，你会得到退一步海阔天空的喜悦，化干戈为玉帛的喜悦，人与人之间相互理解的喜悦。要知你并非踽踽单行。在这个世界上，人们各自走着自己的生命之路，纷纷攘攘，难免有碰撞，所以即使心地最和善的人也难免要伤别人的心，如果冤冤相报，非但抚平不了心中的创伤，而且只能将伤害者捆绑在无休止的争吵战车上。

与其让别人的错误来惩罚自己，还不如让自己高尚的言行来显示别人错误的低下，让自己美好的德行来显示别人礼仪的缺陷。

你可曾听说，人能够从生气中得到丝毫的好处吗？它可曾有过一次帮助别人改善生活吗？这个恶魔随时随地都在损害我们的健康，使人们失去活力，降低人们的效率，使人们的生活陷入不幸中。

有时候一个人感到心烦意乱时，会觉得周围的一切都与自己的想法或做法相反，更奇怪的是有时还会自己生自己的气，看什么都不顺眼。可往往就是自己的一时之气，害了自己的一生。

我们做什么事情都不能意气用事，更不能生气，应该知道生气是解决不了问题的，生气只会害了自己。一个人生气，别人都在笑，何苦呀！人活在世上不容易，遇到上火的事情为什么不动动脑子，先把气压一压，好好想个办法，把不利转化成有利，也许一时冲动会坏了一件好事，只要静下心来好好考虑，就会把坏事变成好事！

时间不等人，日出东海落西山；愁也一天，喜也一天；忙也乐观，闲也乐观；心宽体健养天年，不是神仙，胜似神仙。

当你在生活上或工作中遇到让自己生气的事情时，不妨读一读下面这首不气歌：

"人生就像一场戏，因为有缘才相聚。相扶到老不容易，是否更该去珍惜。为了小事发脾气，回头想想又何必。别人生气我不气，气出病来无人替。我若气死谁如意，况且伤神又费力。"

一个把大量的精力耗费在无谓的生气上的女人，不能像其他女人一样尽可能地发挥她固有的能力。生气能败坏人的健康，摧残人的活力，损害人的创造能力，因而可以使许多大有作为的人平庸而终。

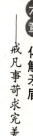

第六章 化解矛盾
——戒凡事苛求完美

# 不要指责他人，避免树敌

在待人处事中，女人最容易犯的一个错误就是随意指责别人，这也许是由于年轻气盛，也许是由于对自己的绝对自信。但不管怎样还是要提醒你，指责是对别人自尊心的一种伤害，是很难让人原谅的错误，如果你不想让身边有太多的敌人，那就请口下留情，别总是指责别人。

人的本性就是这样，无论自己做的有多么不对，都宁愿自责而不希望别人去指责自己。别人是这样，我们也是这样。在你想要指责别人的时候，你得记住，指责就像放出的信鸽一样，它总要飞回来的。因此，指责不仅会使你得罪了对方，而且也使得被说的人必须要在一定的时候来指责你。即使是对下属的失职，一味的指责也是徒劳无益的。

要学会用委婉的语言提醒某人的错误，使他人感到我们并不认为他们不聪明或无知，决不要伤及人的自我价值感。

金无足赤，人无完人，人生在世，孰能无过。生活中，我们和他人沟通是不可避免的，在彼此交往的过程中，经常会发现他人身上的过错。一般说来，人都有自知之明。人们发现自己的错误后，会对过失的性质、危害、根源等进行一些反思。但是，旁观者清，当局者迷。自己的反思再深刻，总是没有旁观者看得清楚。因此，当我们发现他人的过失时，予以及时的指正和批评，是很有必要的。

有人说赞美如阳光，批评如雨露，二者缺一不可，这话是十分有道理的。在沟通中，真诚的赞美是必不可少的，但中肯的批评也是必要的。

安娜是一家公司的经理，她也批评员工，但从不轻易责怪他们。而且，她的批评非常具有艺术性。有一回，安娜的秘书在处理一个文件的时候出现了一些错误，但安娜并没有责怪她，而是用了一种非常温和的方法处理了这件事。她告诉秘书，她处理的不算十分正确，此外，还应该有更好的处理方式。然后，又把正确的方式讲了一遍。

秘书的脸一下子就红了。但心里却如释重负，她自己也没有想到，安娜居然没有责怪她。

如果你只是想要发泄自己的不满，那么你得想想，这种不满不仅不会使对方所接受，而且有可能就此树了一个敌；如果你是为了纠正对方的错误，那为什么不去诚恳地帮助他分析原因呢？

手段应当为目的服务，只有怀有不良的动机，才会采用不良的手段。许多成功女性的秘密就在于她们从不指责别人，从不说别人的坏话。面对可以指责的事情，你完全可以这样说："发生这种情况真遗憾，不过我相信你肯定不是故意这么做的，为了防止今后再有此类事情发生，我们最好分析一下原因……"，这种真心诚意的帮助，远比指责的作用明显而有效。

另外，对于他人明显的谬误，你最好不要直接纠正，否则会好像故意要显得你高明，同时又伤了别人的自尊心。在生活中一定得牢记，如果是非原则之争，要多给对方以取胜的机会，这样不仅可以避免树敌，而且也许已使对方的某种"报复"得到了满足，于己也没有什么损失。口头上的牺牲有什么要紧，何必为此结怨伤人？

第六章 化解矛盾
——戒凡事苛求完美

对于原则性的错误，你也得尽量含蓄地进行示意。既然你本意是为了让对方接受你的意见，何必以伤人的举动来凸显自己。

微笑、眼色、语调、手势都能表达你的意见，唯独不要直接说"你说得不对"、"你错了"等等，因为这等于在告诉并要求对方承认："我比你高明，我一说你就能改变你自己的观点"，而这实际上是一种挑衅。商量的口吻、请教的态度、轻松的幽默、会意的眼神，定会使对方心服地接受你的意见，与此同时，你也不会树敌。要知道，只有很少一部分人的思想是符合逻辑的，大多数人生来就具有偏见、嫉妒、贪婪和高傲等，人们一般都不愿改变自己的观点。他们若有错误，往往情愿自己改变。如果别人策略地加以指出，则其也会欣然接受并为自己的坦率和求实精神而自豪。

假如由于你的过失而伤害了别人，你得及时向他人道歉，这样的举动可以化敌为友，彻底消除对方的敌意。说不定你们今后会相处得更好。既然得罪了别人，当时你自己一定得到了某种"发泄"，与其等别人回来报复，远不如主动上前致意，以便尽释前嫌，演绎流传千古的"将相和"。

为了避免树敌，还有一点需要特别注意，这就是与人争吵时不要非争上风不可。请相信这一点，争吵中没有胜利者。即使你口头胜利，但与此同时，你又树了一个对你心怀怨恨的敌人。争吵总有一定原因，总为一定的目的。如果你真想使问题得到解决，就绝不要采用争吵的方式。争吵除了会使人结怨树敌，在公众面前破坏自己温文尔雅的形象外，没有丝毫的作用。假如只是日常生活中观点不同而引致的争论，就更应避免争个高低。假如你一面公开提出自己的主张，一面又对所有不同的意见进行抨击，那可是太不明智了，致使自己孤立和就此停步不前。如果你经常如此，那么你的意见再也不会引起他人的注意。你不在场时他人会比你在场时更高兴。你知道的这么多，谁也不能反驳你，人们也就不再反驳你，从此再没有人跟你辩论，而你所懂得的东西也就不过如此，再难从与人交往中得到丝毫的补充。因为辩论而伤害别人的自尊心、结怨于人，既不利己，还有碍于人而使自己树敌，这实在不是聪明的做法。

在职场和社会生活中，"多个朋友多条路，多个仇人多堵墙"，生活中你要注意尽量避免树敌，更不要做因指责别人而得罪人的蠢事。为此，聪明的女性都应养成一个习惯，那就是绝不要去指责别人。指责是对别人自尊心的一种伤害，它只能促使对方起来维护他的荣誉，为自己辩解，即使当时不能，他也会记下你这一箭之仇，日后寻机报复。

# 朋友不义，就要割袍断义

俗话说："近朱者赤，近墨者黑。"还有一句俗语："学坏容易，学好难。"所以，我们可以将前者改写成"近朱者难赤，近墨者易黑"。也就是说，结交了不良朋友，自己很难将其感化成好人，而他们却很容易使我们遭受损失。即使我们在物质上、个人品质上没有损失，在其他人眼里，与不良人物称兄道弟也一定不是好人了。所以，在这种情况下，我们要敢于割袍断义。

人们常说："龙交龙，凤交凤。"大家普遍认为：物以类聚，人以群分，是什么样的人就会乐于和什么样的人往来。因此，如果我们与不良朋友结交，即使能保持清白，恐怕也百口莫辩了。

"朋友"在中国传统中是两弯相映的明月组合，讲究一个肝胆相照，义字当先，可惜朋友在当今社会正在为一个"利"字所煎熬，为了一些蝇头小利明争暗斗。像这种对自己有损的朋友我们要学会用智慧拒绝。

朋友不可滥交，对有益于我们的朋友，我们用真诚与他交往。而对不断欺骗他人的朋友，我们要尽快拒绝。

以诚交益友，当你捧出赤诚之心时，先看看站在面前的是什么人，不应该对不可信赖的人敞开心扉。

一次，张医生在桂林进修，碰到一个叫毛玉凤的女人心脏病发作。以救死扶伤为人生信条的张医生，马上组织抢救，此后，两人自然结成了朋友。毛玉凤金丝眼镜，文质彬彬，常说要报救命之恩。一次，她对张医生说自己所在的深圳公司给她分了4000股，每股25元，三个月后可获利两万，并表示让1000股给张医生表示谢恩。此等朋友、此等友情，加上丰厚的利润诱惑，张医生不由得有些动心，随后将25000元交给了毛玉凤。

转年春节过后，毛玉凤又对张医生说："上次股红没分，是公司用股红投资做了一笔大生意，三个月1000股的回报就是3万。因为是老朋友，亲戚我都没给，再让1000股给你，每股30元。"张医生再次将自己多年的积蓄3万元交给了毛玉凤，不久之后，毛玉凤将张医生介绍给了自己的儿子小李。

小李对张医生说："你是我妈的朋友，我就算是您的干儿子，我一定要在经济上帮您。"

又说："我和北京一个朋友在内蒙古办了个山羊养殖场，做羊皮出口生意，年纯利几十万元，冲您是我妈的朋友，把一个3万元的股份给你吧，半年稳赚10万元。"

张医生盛情难却，况且利大、东挪西凑借了3万元交给小李。

张医生天天盼着分红还债，不料，7月的一天，小李声称生意彻底亏本了。张医生闻听此事如五雷轰顶，顿时感到天旋地转。莫非毛玉凤是骗子？没几天，毛玉凤的儿子小李又来了，晃一晃50元一扎的现金，拿出一张4万元的欠条，说要去买一只价值连城的古瓶。买回来一转手就是100多万，还张医生后还有多余的。人家举债设法还钱嘛，张医生再次为朋友之情所感动，于是，跟着小李去买那件价值连城的古瓶。

谁知小李高价买来古瓶后，突然声称自己有急事得立即走。于是，小李就将古瓶交给张医生妥善保管，回头自己再去张医生那里拿回来。然而，当张医生谨小慎微地捧着古瓶往家走的路上，他意外地被一辆自行车给撞倒了，手里的古瓶也应声碎成了八瓣。闻知此事的小李顿时暴跳如雷，他拿着菜刀要张医生赔偿古瓶，张医生的投资分文未得，还给小李写了张欠债20万元的欠条。

张医生思前想后总觉得这件事颇为蹊跷，最后只能向警方求助。民警同志告诉张医生这叫"杀熟"，一种当前极其普遍的宰朋友手段。

"杀熟？"张医生闻所未闻，她怎么也弄不明白一个很不错的朋友何以变得如此险恶，何况她还救过毛玉凤的命呢？

张医生不断喃喃自语道："既如此，人干吗还交朋友？"

俗话说得好：交上益友，一生幸福；交上损友，一生祸害。你要多与一些志向远大，兴趣相投，见识广博，正直、诚信的人交朋友。

在现实社会中，即使我们未受污染，也没被旁人误解，不良朋友仍可能给我们带来灾难。因此，在选择朋友时，我们要努力与那些乐观上进、富于进取心、品格高尚和有才能的人交往，这样才能保证我们拥有一个良好的生存环境，获得好的精神食粮以及朋友的真诚帮助。

相反，如果择友不慎，恰恰结交了那些思想消极、品格低下、行为恶劣的人，则会陷入这种恶劣的环境难以自拔，甚至受到"恶友"的连累，成为无辜受难的人。

不过，人都善于隐藏自己不好的一面，恶人尤其擅长这一招。我们很难看透一个人的好坏，交上几个不良朋友也是在所难免的。

（1）要准确认识，真正了解对方，及时看到本质和主流

如果朋友属于品质不好、道德败坏、作风恶劣的人，我们必须早日与之断绝关系。但在一些无关紧要的小问题上，则不必求全责备，不要把有小缺点、小毛病的朋友误认成不良朋友。

（2）耐心帮助、挽救

毕竟曾经是朋友，发现朋友有了一时的糊涂认识或偶尔的不良行为，我们应当以朋友的身份去开导她，尽量不让她在错误的道路上越走越远。我们应该勇于批评，不当老好人，否则愧对朋友的职责。

（3）做到及时、果断地断交

对于那些已经不可能变好或不可能被我们变好的朋友以及反过来试图改变我们的人，必须丢开面子，抛掉顾虑，毅然决然地与他一刀两断。这时，决心要大，行动要果断，不要把所谓的友谊混淆。如果自己一个人无法甩掉这种朋友，也可争取其他朋友或亲属的帮助，以达到摆脱这类人的目的，从而为自己营造良好的环境，保证我们生活、工作的安定。

朋友之情很有弹性，有回旋之利，时常被一些不怀好意的人所

利用，才使社会上出现了这样令人齿冷的局面：友情隐藏着商情，友道蜕变为畏途，友谊沉浸于利害，友好则难度白头。所以，在与朋友交往时，也应小心从事，不可轻信。

# 不要做对不起朋友的事

只要真诚付出，心意相通，即使有年龄、性别和身份上的差别也不会影响朋友间的沟通的，甚至无须用言语表达而知其意。

没有真诚便没有真正的友谊，如果你希望朋友对你推心置腹，那么就不要以自己的圆滑和虚伪作条件，换取朋友的友情，坦诚地伸出你的双手吧，这样你才能得到真正的好朋友，才能有个好人缘。

古人很早就强调"千金难买一知音"，然而，遗憾的是，有些人一直在做着相反的交易。在利益面前，背叛朋友、忌妒朋友，更有甚者将朋友置于死地。

女性最容易在小事情上和朋友发生冲突。而冲突的解决大多不会像男性那样找个地方喝酒和好。女性朋友间的冲突要慢慢和解，不然说不定从此便不再是朋友。

但是，朋友之间最重要的事情就是，永远不要做对不起朋友的事。因为一旦你做了，内心的不安和难过会伴随你很长时间，或许永不消逝。让我们来看下面的故事：

由于公司裁员，莎莎失去了一份有保障的工作，她心情郁闷，

第六章 化解矛盾
——戒凡事苛求完美

161

就找到了好朋友李冰倾诉，李冰心里默默地为好友惋惜，同时下决心帮助她。当晚莎莎就接到了李冰的电话，说她的男朋友自己开了一家电脑公司，并请莎莎去上班，一开始待遇可能不如她的前公司，但是随着公司的发展，一定不会亏待她。莎莎感动的大声尖叫。

在新公司里，李冰的男朋友处处帮助莎莎，同时不负重托的照顾她，使莎莎很快适应了那里的环境，并着手处理大大小小的事情。经她手办的每一件工作都很出色，莎莎很快得到了加薪。

莎莎认为公司业务得到迅速提升，完全是自己的能力所致，但是看看每月领到的薪水还不足以前公司的三分之二，她的心理开始不平衡。以前的朋友打来电话说又换了一个好工作，薪水是以前的好几倍呢！劝她也出来试试，何必苦苦守着那个小公司呢？

于是莎莎偷偷地去找其他的工作了。一天下午，莎莎所应聘的那家公司打来了电话，通知她上班。就这样，莎莎决定离开公司。但是她又不愿意面对李冰的男朋友——她的老板。当初自己那么失落，是人家的热心帮助，自己才得以摆脱郁闷。她思索再三，留下一纸辞职信走了。

其实，莎莎的朋友未必不让她离开公司去找更好的工作。问题在于莎莎没有做到坦诚的对待朋友。莎莎的离开或许不会给公司带来太大的麻烦，但是，她一声不响的走了，其手头上的工作没有交给别人并教会别人去做肯定会带来暂时的困难。正如莎莎所说，本来可以成为很好的朋友但是一念之差失去了。想回头再找更没有勇气，只能在心里后悔不已。

放弃做对不起朋友的事包括很多，比如：放弃背叛朋友、陷害朋友、利用朋友等等。朋友是你一生的财富，一旦失去这个财富你就会觉得孤单，就会觉得世界是如此的单调。而一旦做了对不起朋友的事情，你一定还会内心不安。

"谁能够划船不用桨，谁能够扬帆没有方向，谁能够离开好朋友，没有感伤……"

听着光良的《朋友》，心里会涌动出一丝感动。没想到朋友的感情被描绘的如此细致入微。没有了真心朋友，女人的生活圈子会小了很多。当遇见了伤心的事情，想拿起电话找个人诉说的时候，忽然想起来自己从来没有朋友可以倾诉。所认识的人尽管很多，但是都是泛泛之交。而曾经那个对你最好的朋友已经被你所深深的伤害，当时的心情一定很灰暗。

我们在时常警醒自己不要见利忘义之时，也该考虑自己在利益面前，该怎样与朋友分享。学会了与朋友分享，也就得到了快乐。

和朋友相处，最大的学问就是将利益分配好，可惜的是很多人陷入了利益的泥潭而不能自拔，这自然就很难找到朋友。

朋友是一份感情的慰藉，做了对不起朋友的事，也就失去了那份感情。

# 戒过多地表现自己

很多女人都喜欢自己说，而不喜欢听对方说话，更喜欢谈论自己的事情。往往在没有完全了解对方的情况下，对对方盲目下判断，这样便造成了交往中难以沟通的情况，构成交流的障碍和困难，更有甚者会造成双方的冲突与矛盾。

有一部分女人认为，做人就该多想着自己，多表现自己，至于别人怎么看自己才不在乎呢。然而这种为人处世的方法是存在很大问题的，一个不顾及别人的人也难获得别人的认可。

有的人说话，不顾及别人的态度与想法，只是一个人滔滔不绝，说个没完没了，讲到高兴之处，更是眉飞色舞，你一插嘴，立刻就会被打断。这样的女人，还是大有人在的。

人与人交往，重要的是双方的沟通和交流。在整个谈话过程中，若只有一个人在说，就不容易与对方产生共鸣，这样就达不到沟通和交流的效果。就是说，交谈中要给他人说话的机会，一味地唠叨不停就会使人不愿意与你交谈。

那么在别人面前倾听自己的声音更是双倍的不智。

专心听他人讲话的态度，是我们能够给予他人最大的赞美。他人将以热情和感激来回报你的真诚。

女性朋友往往对自己的事感兴趣，喜欢自我表现，一旦有人专心聆听自己的讲话时，就会感到自己被重视。

茱丽从欧洲旅游回到美国后，在一次晚宴上结识了一位女士。这位女士知道茱丽刚从欧洲回来，便说自己从小就梦想着去欧洲旅行，现在都未能如愿。在之后的交流中，茱丽意识到她是一个很健谈的人。她知道，假如让这样一个人长久地听他人讲很多风景优美的地方，一定如同受罪，心中还憋着一口气，并且还会不时地打断自己的谈话。因为她对他人的谈话根本毫无兴趣。其实，这位女士只是想从他人的谈话中找到契机以开始自己的话题。

茱丽曾听朋友说，这位女士刚从阿根廷回来。阿根廷景色秀丽的大草原是最吸引人的地方，她一定深有感触。于是，她便说自己喜欢打猎，还说欧洲的山太多了，假如能有机会在大草原上打猎应该是十分惬意的事。

那位女士一听讲到大草原，就立刻打断了茱丽的话，兴奋地告诉她，她刚从阿根廷回来。茱丽当时耐心地听着，那位女士后来就开始了她滔滔不绝的话题，一直讲到晚会结束还意犹未尽。

茱丽只说了几句话，而那女士却告诉他人茱丽很会讲话，自己很喜欢与她在一起。

其实，那位女士并不想从他人那里听到些什么，她仅仅是需要一双认真聆听的耳朵，她只想倾诉，而茱丽正好懂得这一点。

聆听是一种最佳的沟通技巧，也是礼貌和诚挚的表现。倾听使谈话双方更加融洽与信任，同时，心灵的距离也被缩短了。

假如你要他人同意你的观点，必须遵循的规则是：使对方多多说话试着去了解他人，从他的观点来看待事情就能创造生活奇迹，使你得到友谊，减少摩擦与困难。

还有的女人，十分热衷于突出自己，与他人交往时，总爱谈一些自己感到荣耀的事情，而不在意对方的感受。黄女士就是这样一个人，不论谁到她家去，椅子还没有坐热，就把她家值得炫耀的事情一件一件地向你说，说话的表情还是一副十分得意的样子。一位老同学的丈夫下岗了，经济上有点紧张，她知道了，非但没有安慰人家，反而对这位同学说"我家那口子每月工资6000元，我们家花也花不完"。她丈夫给她买了一件漂亮的衣服，因为很值钱，她就跑到人家那里去炫耀："这是我丈夫在香港给我买的衣服，猜一猜多少钱？1800元。"说完表现出很得意的表情，意思是："怎么样，买不起吧。"

女性表现自己，虽然说是女人的共同心理，但也要注意尺度与分寸。如果只是一味热衷于表现自己，轻视他人，对他人不屑一顾，这样很容易给人造成自吹自擂的不良印象。

只谈论自己的女人，所想到的也只有自己，而只想到自己的人，是不可救药的未受教育者。不论她读过多少年的书，人们会认为她很没有教养。

自以为是，目空一切的女人往往不愿去听别人在说什么，无知与偏见就这样产生了。耐着性子多听一些，就会了解对方的内心感受，信任很容易就会产生。

女人在与别人相处和交往的时候，要多注意别人的心理感受。只有抓住了别人的心理，才能真正赢得别人的赞赏与好感。如果你只知道表现自己，抢着出风头而不给别人表现的机会，你就会遭到别人的怨恨，使自己陷入尴尬境地。

让我们谦虚地对待周围的人、事、物。鼓励别人畅谈他们的成就，自己不要喋喋不休地自吹自擂。每个人都有相同的需求，都希望别人重视自己、关心自己，为什么不肯牺牲一点点，让别人得到愉快的感受呢？所以，假如你希望别人的看法与你一致，达到说服的目的，别忘了给对方说话的机会，使之能畅所欲言，充分地表达出自己的心声。

请记住，与你谈话的人，对他自己、他的需求和他的问题，更感兴趣千百倍。他对自己颈部的疼痛，比对非洲地震更为关注。当你下次开始跟他人交谈时，别忘了这点。因此，假如你想要别人喜欢你，请从现在开始，做一个好的倾听者，鼓励他人谈论他们自己。

# 戒除苛求完美的病态

古语云：甘瓜苦蒂，物不全美。从理念上讲，人们大都承认"金无足赤，人无完人"。正如世界上没有十全十美的东西一样，也不存在精灵神通的完人。但在认识自我，看待别人的具体问题上，很大一部分女人仍然习惯于追求完美，求全责备，对自己要求样样都是，对别人也往往是全面衡量。

完美并没有一个统一的标准，正如没有一种饭菜可能满足所有人，当你的言行举止让所有人都满意的话，那么肯定你这个人有很大问题。当我们追求完美的时候，也许所坚持的标准和原则就出了问题，那么追求就缺少了正确的方向。

生活中见到过有很多女人是追求完美主义者，她们希望自己所拥有的一切都是完美无缺的，但是世界上哪有十全十美的事情？于是她们只能在不完美里哀叹，给原本美丽的容颜蒙上了一层冷霜。

在佛教的《百喻经》中，有这样一则故事。在印度有一位先生娶了一个体态婀娜、面貌艳丽的太太，两人恩恩爱爱，是人人称羡的神仙美眷。这个太太眉清目秀，性情温和，美中不足的是长了个酒糟鼻子。这就好像失职的艺术家，对于一件原本足以称傲于世间的艺术精品，少雕刻了几刀，显得非常的突兀怪异。于是这位太太终日对着镜子，一面抚摸着这只丑陋的鼻子，一面唉声叹气，埋怨命运的残忍。

167

　　这位丈夫也是看在眼里，痛在心里。一日出外去经商，行经一贩卖奴隶的市场，宽阔的广场上，四周人声鼎沸，争相吆喝出价，抢购奴隶。广场中央站了一个身材单薄、瘦小清癯的女孩子，正以一双汪汪的泪眼，怯生生地环顾着这群如狼似虎、决定她一生命运的大男人们。这位丈夫仔细端详女孩子的容貌，突然间，被深深地吸引住了。好极了！这女孩脸上长着一个端端正正的鼻子，于是这位先生决定不计一切，买下她！

　　这位丈夫以高价买下了长着端正鼻子的女孩子，兴高采烈地带着女孩子日夜兼程赶回家门，想给心爱的妻子一个惊喜。到了家中，把女孩子安顿好之后，用刀子割下女孩子漂亮的鼻子，拿着血淋淋而温热的鼻子，大声疾呼：

　　"太太！快出来哟！看我给你买回来的最贵重的礼物！"

　　"什么样贵重的礼物啊？"太太狐疑不解地应声走出来。

　　"我为你买了个端正美丽的鼻子，你戴上看看。"

　　丈夫说完，突然出其不备，抽出怀中锋锐的利刃，一刀朝太太的酒糟鼻子砍去。霎时，太太的鼻梁血流如注，酒糟鼻子掉落在地上，丈夫赶忙用双手把端正的鼻子嵌贴在太太的伤口处，但是无论丈夫如何努力，那个漂亮的鼻子始终无法黏在妻子的鼻梁上。

　　可怜的妻子，既得不到丈夫苦心买回来的端正而美丽的鼻子，又失掉了自己那虽然丑陋，但是货真价实的酒糟鼻子，并且还受到无妄的刀刃创痛。追求完美的代价是多么的大啊！

　　追求完美是很多现代女性的通病，然而不幸的是，有些人以为自己是在追求完美，其实她们才是最可怜的人，因为她们是在追求不完美中的完美，而这种完美，根本不存在。

　　要求完美是件好事，但如果过头了，反而比不要求完美更糟。

就像我们居住的屋子，永远不可能如展示屋那样整齐干净，如果一味地强求，反而会使居住成为噩梦一般，为了维持干净，难道我们不在马桶上大便吗？

世界上有太多的追求完美主义的女人，她们似乎不把事情做到完美就不善罢甘休。而这种女人到了最后，大多会变成灰心失望的人。因为人所做的事，本来就不可能有完美的。所以说，完美主义者根本是一开始就在做一个不可能实现的美梦。

她们因为自己的梦想老是不能实现而产生挫折感，就这样形成一个恶性循环，最后让这个完美主义者意志消沉，变成一个消极的人。所以，培养"即使不完美，不上不下也没关系"的想法是相当重要的。

如果你花了许多心血，结果还是泡了汤的话，不妨把这件事暂时戒掉不管。如此一来，你就有时间来重整你的思绪，接下来就知道下一步该怎么走了。"既然开始了就要把事情做好"这种想法固然没错，可是如果过于拘泥，那么不管你做些什么都将不会顺利的。因为太过于追求完美，反而会使事情的进行发生困难。

如果过于追求完美，就自然会形成这样一种情景：比如一件事情没有做到自己满意的地步，那么必定会心里不舒服。什么事情都会有个度，过于追求完美超过了一定的度，就会变得不完美，就是在和自己较劲了，长此以往，心里就有可能系上解不开的疙瘩。

世事如浮云，瞬息万变。不过，世事的变化并非无章可循，而是穷极则返，循环往复。人生变故，犹如环流，事盛则衰，物极必反。生活既然如此，做人处世就应处处讲究恰当的分寸。

过于追求完美，你就会陷入无尽的烦恼中，而放弃对完美的苛求，你却可以过上一种幸福有意义的生活，哪样做对你更好呢？聪明的人一定会做出正确的抉择。在人生中，无论是对待工作、事业，还是对待自己、他人，我们不妨做一个适度的妥协主义者，而不要做一个完美主义者。因为完美主义者有可能什么事情也没有做成，而妥协者却会多多少少有些进展。

# 不要逃避人际矛盾

现在很多公司内部的人际关系都非常复杂，即使你久经职场也难免会趟进"浑水"里面。当你和他人发生矛盾的时候，你首先要分析矛盾产生的原因，不要置之不理。

当你的人际关系出现问题时，任其发展下去。逃避不是办法，关键是头脑清醒，坚持自己的原则。谨记：只要不涉及原则的事怎么都成；涉及原则的事，一定要正直公正，就事论事。

不要以为只有你所在的公司环境复杂，不论在什么样的公司工作，都会或多或少地遇到人际关系的问题，所以，采取换工作的方法并不是解决人际矛盾最明智的办法。而最明智的方法就是去适应环境，而不是让环境来适应你。

适应环境并不是要你改变自己做人的原则，而是使自己变成一个在工作感情上的"中性人"——既不特立独行，也不阿谀奉承，这才是保护自己并且和同事维持良好关系的好方法。

有时候，几句私下的谈话，十分钟的全体会议，甚至是半个小时的午餐时间就可以解决你在工作中遇到的人际矛盾。既然如此，那就尽快采取行动吧！千万不要把事情拖到第二天，因为明天还有很多事情要做，早点解开心中的疙瘩，能让你的工作开展的更加顺利。

保持积极的心态与人进行沟通，让别人知道你正在为这件事努力，它在你心中很重要，那样即使你做得不是很到位，也会为你拉来不少的同情票；而你的逃避和置之不理很可能会更加激化矛盾，让事情一发不可收拾，这样很不利于你今后工作的开展。

尽管事实上，你不是高傲的人，只是有些不愿意认输罢了，然而这样做，还是会给人一种孤傲的感觉，很难得到大家的理解的。

及时解决你在工作中遇到的人际矛盾，别让一时的懒惰和疏忽影响你的职场形象及地位。

# 不要和别人动手，尤其是男人

女人是容易冲动的感情动物，情绪激动时难免会做出什么出格的事情来，但是要记住一点，不要和别人动手，尤其是男人。

"动手"在人们的记忆中似乎总是男人才有的事情，然而女人"动手"却也并不罕见，不过总给人一种很野蛮的感觉。

值得女性朋友谨记的是：女性之间的"动手"尚无大碍，毕竟"杀伤力"不大。切忌和男人动手，因为，一、打不过。二、和女人

171

动手的男人一定是个疯子，所以，不如不动。

同时，对于女性自身而言"动手"对自身的影响很大，动手会让女性温柔的淑女形象尽毁——粗鲁、没有涵养的性格将在大家面前暴露无遗。

女人，向来是美丽和优雅的代名词。因此当女人和别人发生冲突时，要学会适当调节自己的心态和情绪。动手的女人只会让人对你产生反感，即便你受到了伤害，也不会博得多少同情分的。

当女人心情浮躁的时候，不妨叫来自己的死党安慰你一下。或者外出旅旅游，喝喝下午茶，阅读一本自己喜欢的书籍，听听动听的音乐都能让你的心情变得舒畅。

当女人面对对手时应该从容镇定，而不是暴跳如雷，你的冷静会让对方心里没底，甚至怀疑自己的行为。

当女人被男人抛弃的时候，也要优雅地对男人说："出去的时候请把门带上。"而不是破口大骂："滚！"然后，整个人披头散发地扑上去，连撕带喊，那样有失风范，既然他不再爱你，也请给自己留一点自尊，否则在他的眼中更看不起你。更不要试图和他动手，因为他已经不再爱你了，他根本不介意你的感受和疼痛，别让自己再次受到身体上的伤害。

"君子动口不动手"，淑女更要做到这点，即便是愤怒到了极点，也不要学人大打出手，否则就既不是君子又不是淑女了！

# 第七章

## 心胸开阔——戒斤斤计较

张曼玉说："我从来不认为外表漂亮，或者事业成功的女人是最美的。女人应该善于利用不同的角度看事物，多尝试新鲜的东西，多一些好奇心。另外，我觉得女人心胸开阔最重要，不要太执著，放松、开心，这样的女人不小气，不会有嫉妒心，会有一种知性、典雅的美。"

# 不做无品味女人

　　女人两个字是很简单的一个名词，但却含有十分丰富的内涵。就像人世间不存在完全相同的两片树叶一样，一百个女人就有一百种风韵，一百个女人有一百种味道。

　　不同的女人，因为人生际遇不同，所受教育不同，天生资质不同，自然会有不同的味道，我把她称之为气质——一个实实在在从身体中散发出来的灵魂的味道。

　　或许你常听人说这个女人很有味，或者说这个女人无味、太乏味。这有味、无味、乏味，都是指女人的气质吧。

　　女人本身所特有的气质是自己与他人的主要区别，它既是女人的代名词，也是女人的品牌。品牌是一种无形资产，它可以增加你的魅力，又可以使你的成功最大化。女人一旦将气质变为品牌，犹如拥有了神圣的力量，从而将成功握在自己的手中。漂亮女人，高雅的气质能让她锦上添花；对于不太漂亮的女人，高雅的气质同样会使她光彩照人。女人的漂亮往往流于表面，而气质却渗透整个身心，并会永驻于他人的印象之中。

　　因为这份饰品的衬托，女人如花在世风中摇曳，随风变幻出不同的姿态，展现着不同的美丽，因而也散发出不同的味道来。

　　上品女人味道似茶，中品女人味道如汤，下品女人则味如白水。

上品女人的似茶味道，体现在典雅精致上。她可以不美丽，但是一定要风姿绰约，一定要赏心悦目。她会十分在意自己的形象举止，不修边幅、拖沓无序永远是她的敌人。没有丑女人，只有懒女人，这个道理她每日必三省其身。她无论眼大眼小，说话必笑眼平视对方。她永远不会随便打断对方的话语，即使对方在唠叨，她也总是很得体的给自己找个回避的理由。她会是众多朋友心中的最爱，奉为红颜知己，可是她自己心中却只爱一个。她永远都会为自己的爱人固守那份忠贞，无论是身体还是灵魂。她会是一个最好的倾听者，时时用关切的眼神倾听你的痛苦或者甜蜜的心事，然后密封你说出的秘密。

她不一定琴棋书画样样精通，但是当你谈起高山流水时，她必定知道钟子期的断琴酬知音。当你列兵楚河汉界时，她也能回答出马日相田炮打十字联的走兵布阵规律。

她会是一个女能人，能够胜任一定的工作，但当她遇到困难时，总是在娇羞中寻求帮助。

她绝非一个女强人，好像世人皆醉唯她万能，如火箭般点火就能上天的剽悍，让人畏惧。如果她结婚了，会是一个好母亲、好妻子，她会用心装扮自己的家，温馨甜蜜，让爱她的人永远离不开她的吸引力，找不到离开片刻的理由。

她永远不会口吐污言秽语，她精致细腻，只会用温存的语言对待遇到的所有问题，以柔克刚是她手中一把万能的宝剑，实践证明上品女人挥舞着它所向无不披靡。她有自己生活的目标，并且会为了这个目标保护好自己的身体，追求健康快乐的生活方式。上品的女人世间少有，因而做一个上品女人是所有女人的追求，找一个上品女人陪伴终生是所有男人的梦想。

中品女人如汤，此品女人遍及社会上的各个阶层。她们如汤的女人味道，体现在日常生活中的点点滴滴。她们的特点是张扬个性，随心所欲。女人不是因为美丽而可爱，而是因为可爱而美丽。中品的女人知道这点，因而往往会在可爱上下工夫，但是尺度的把握却因人而异。把握得好的，有可能上升为上品女人，反之，一个不小心会下滑到中品女人的最低档次。高档次的中品女人如西红柿鸡蛋汤，绿的葱花是狡黠，黄的蛋花是智慧，红红的西红柿则是灿烂的笑靥和随和的品性。这样的女人，男人不会不去欣赏。她会藏点小心眼，耍点小聪明，来点小脾气，不过因为本质上的无邪，再坏也坏不到哪里去。而且因为少了上品女人的深沉，容易让男人把握了解，也乐于饮下。当然如果加点紫菜，则是具有海鲜味的另类诱惑了，汤的色彩会愈加缤纷，味道更加可口，更让人欣赏。

中档次的中品女人是味道醇美的鲫鱼汤，奶白色的汤里窝藏着各种佐料——心机是也。外表简单，内里藏龙卧虎，只是因为本质淳朴，道行不深，所以时常忍不住把心事如鲫鱼一样暴露出汤面，显出了一点点肤浅和幼稚来。这类女人之所以称之为中品，就在于她才情有限，美貌有限，然而追求的欲望无边。她们心比天高命比纸薄。她们梦想成为上品女人，处心积虑刻意模仿。无奈桔生淮南则为桔，生于淮北则为枳，叶徒相似，其实味不同。于是这类女人会怨天忧人，是郁闷的一群。伤人机会少，自残时候多。假如再多多修炼，或许有机会跻身中品女人之高档次。

低档次的中品女人好比豆腐青菜鸡蛋汤。白的豆腐是随兴，绿的青菜是平庸，不多的蛋花是时隐时现的小聪明。这道汤不需要过多的佐料，既简单又实惠，符合大众的口味。这类女人喜欢家长里短，对人评头论足，不过没什么太坏的心眼。看悲剧的时候会嗷嗷直哭，看喜剧的时候会哈哈大笑，全然没有上品女人的含蓄内敛和中品高中档次女人的矫揉造作。她们可以素面朝天、光脚穿着凉鞋在大街旁若无人的悠闲散步。这类女人尽管是生活低质量，但是精神生活却不比高档次的女人低多少，她们拥有别样的快乐。她们好像透明人，没有虚伪狡诈，更容易理解世俗和被世俗理解。所以俗话说得好：青菜豆腐保平安。

下品女人或许有才情，也许有美貌，但是缺少至关重要的一点——人性、品德，也叫无品女人。

女人是人间的风景，一个有气质的女人，需要内涵、修养与智慧共存。所以我们要不断丰富自己的内涵和修养，充实自己的智慧，培养高雅气质，保持自己的味道，那么我们将会焕发出迷人的风采，成为一个魅力十足的女人。萝卜青菜各有所爱，相信每个男人都会有自己喜欢的女人味道，而每个女人都会有自己独特的味道。

# 戒掉唠叨，做幸福女人

女人天生爱唠叨，爱唠叨似乎已经成了女人的特殊标志。

做了母亲的女人，唠叨的内容大都是一堆生活上的琐事，陈年旧俗的往事。

结婚后，她们发现生活并没有自己预想的美好，怨言就更多了起来，从早到晚，唠叨个没完没了。唠叨的主要对象就是丈夫，而充当倾听者的也是丈夫；唠叨成了婚姻矛盾的导火线，你越唠叨，丈夫对你就越厌倦。

结婚前，很少有女人爱唠叨，因为她们比较轻松，哪儿用得着担心家庭问题、孩子问题。可结婚之后，有些女人渐渐变得爱唠叨了，尤其是年龄大一些的女人，就表现得更加厉害。

青春的流逝让她们倍感伤心与无奈。同时，在生活、工作中力不从心的感觉也让她们焦躁。偏偏她们的苦恼又得不到别人的理解，比如挣扎在社会夹缝里的丈夫和正处于叛逆期的子女。在这种情况下，她们只有通过不断地重复自己的观点，来吸引人们的注意，直至这种方式成为一种习惯。

丈夫有时候也觉得纳闷，妻子 20 年前还笑语嫣然，怎么慢慢就变得唠叨不断了呢？其实，女人爱唠叨是有原因的。年轻的时候，女孩子总是看重精神多于物质的，她们那时对结婚对象的要求大多是：人品好，家世清白，合得来。很少有人会要求金钱地位的。但女人年龄越大就会变得越现实，她们对丈夫事业的要求与日俱增，要么当官，要么挣大钱，两者必须得占有一样，但事实上大多数男人终其一生也只能是个平凡的小人物，于是妻子对丈夫的失望之情溢于言表。她们选择用唠叨的方式来发泄怨气。当然也有一部分女人是天生"嘴碎"，她其实也没什么怨气，只不过习惯发牢骚，看什么不顺眼就喜欢多说两句。

李刚的妻子叫张燕，是一家食品厂的质检员，虽已是奔四的人，但却风韵十足，别人都羡慕李刚的好福气，李刚却有苦自己知：他在家里总觉得透不过气来，简直要崩溃了！原来张燕是个控制欲极强的女人，她也很爱丈夫，所以总是希望丈夫能如自己期望的事事比人强。于是她从李刚的走路动作，说话声音一直唠叨到李刚的说话办事，有时候半夜睡梦中，她猛然就把李刚踢醒，再把一些陈年旧事提出来唠叨一遍。一次在张燕唠叨的时候，李刚再也忍不住了，大吼一声："他妈的，你还有完没完，看我不顺眼，离婚算了，看谁好跟谁过去！"结果，张燕闹、孩子哭，邻居们都来劝。李刚还能有什么办法，只好认了！但是，从此他的家庭也变得只有一个人的声音了，李刚下班也懒得回家，夫妻之间的交谈也是好长时间才有那么一回。

绝大多数女人通常都不承认自己的唠叨，而是认为自己在生活中扮演的是"提醒"的角色——提醒男人完成他们必须做的事情：做家务，吃药，修理坏了的家具、电器，把他们弄乱的地方收拾整齐……但是，男人可不是这样看待女人的唠叨的。

如果你对芝麻大小的事也要对丈夫唠叨个没完，丈夫早晚会精

神崩溃。所以要学会用幽默的态度对待生活中不如意的事，而不是整天紧绷着脸。更别为一些微不足道的芝麻小事，而将婚姻变成了怨恨。

千万记住，你不可能用唠叨的话套牢一个男人，这样做的结果，只会是破坏他的心情和精神，而毁灭的是你自己的幸福。

还记得那部颇有争议的电视剧《让爱做主》吗？电视剧中王志文饰演的丈夫对妻子说的一句话，可能代表了无数男人的心声"床应该是一个家庭中最美好的地方，请别把你的唠叨带上床，让我安静一下！"

卡耐基夫人曾在一本写给女人的书中写道：地狱中的魔鬼为了破坏爱情而发明的恶毒的招数中，无休止的指责、抱怨和唠叨是最厉害的一招。它永远不会失败，就像眼镜蛇咬人一样，总是致人于死命。

但很多女人偏偏就不把唠叨当回事儿，想怎么说就怎么说，我行我素。丈夫下班刚进门，她迎上去就是一顿唠叨："鞋底怎么不擦干净？反正用不着你拖地，就可以随便糟蹋是不是？"为了平息妻子怨气，丈夫主动去厨房帮忙，妻子又来词儿了"连个菜也洗不干净，这么大个人了，还能有点什么出息！"吃完饭，丈夫拿起报纸刚想看看新闻，妻子立刻又给来上两句"真是个大爷，碗筷一放就看报纸，这么看报纸也没见你有什么长进！我一天累死累活……"丈夫气得扔掉报纸，准备回卧室清静一下，妻子又跟了过来，"现在脾气也大了，刚说两句就不爱听，有能耐就别回这个家！"丈夫再也忍不住了，一场家庭战争就此爆发。

女人总是唠叨男人不该这样或那样，女人也知道这样做很容易激怒对方，但她认为对付男人的办法就是反反复复地重复某条规则，直到有一天这条规则终于在男人的心里生了根为止。她觉得她所唠叨的事情都是有事实根据的，所以，尽管明明知道会惹恼对方，还是有充分的理由去唠叨。

看看男人的感受吧：在男人心里，唠叨就像漏水的龙头一样，把他的耐心慢慢地消耗殆尽，并且逐渐累积起一种憎恶。世界各地的男人都把唠叨列在最讨厌的事情之首。

所以，一个爱唠叨的女人，对整个家庭来说都是噩梦。试想当疲惫的丈夫回到家里，便陷入毫无头绪的唠叨和痛苦之中，而这时他最想做的，就是蒙头冲出家门。而年轻活泼的子女，更不能忍受你的唠叨，就算他们真的很爱你，但是大量的激素会使他们做出更让你伤心的反应来。

唠叨是女人最要不得的毛病，想一想，你唠叨的目的是什么？当你唠叨的时候，你以为你是在为丈夫、为家庭操心，让日子过得更好点，但实际上你的喋喋不休只起到相反的效果：丈夫在外面面对种种压力，精神已经够紧张了，你的唠叨只会使他如坐针毡，心生厌倦，让他想逃离这个家庭！女人，请别再制造家庭"噪音"了！

幸福的女人们，如果发现自己不知不觉中变得爱唠叨，尤其是家人开始对自己有不满情绪，就要引起高度重视，这表明你需要学习一下家庭沟通艺术。家，应该是个宁静的港湾。就是今天，当他下班后，为他送上一杯热茶，一句温存的话语，你会发现这比唠叨100句还有用！

## 戒除抱怨，接受新的挑战

　　哀伤、生气、不满都是我们可能会出现的情绪，不过当你下次遇到事情想抱怨的时候，就先问问自己，"这件事有没有像几年前所发生的事一样严重"、"这件事是否真的值得抱怨那么久"，仔细分析一番后，你也许就能掌握好抱怨的尺度，不那么轻易抱怨了。

　　很大一部分女人很容易花大量时间与精力去抱怨事情在处理时遇到的困难、经济问题、负面的人性、环境的恶劣等。但这解决不了任何问题，埋怨问题的发生或是过度地自怨自艾，都只会增加你的压力，让你更难处理那些干扰你的事情。盯住问题，你只会看到诸多的缺点，这时就更容易丧失勇气，而且有被打败的感觉。

　　风云变幻，世事无常。由于许多"不可抗力"和无法预料的因素，多少希望因此化成失望，多少快乐转眼成为悲伤。如果我们总是怨天尤人，那人生将是何其的沉重？

　　一个经常抱怨的女人会处处感到不满意，即使有人关心帮助她，她也会抱怨别人关心不够；在遭遇失败的时候，就抱怨命运对自己的不公平，从不检讨自己。抱怨是精神的腐蚀剂，抱怨无济于事，只能使我们在痛苦和烦恼中备受煎熬。

　　男人都说"怨妇猛于虎"，说得就是那些遇到不满就抱怨的女人。

女人含嗔带怨的幽怨就像古代闺怨体诗词，让男人顿生怜香惜玉之意。然而，一旦看什么都不顺眼，干什么都不称心，幽怨过了头，那到最后伤得最重的还是自己。

就有一些这样的女人，她们看世界永远看最糟糕的一面，想问题永远想最难解的症结，别人可以一笑了之的事情，在她们那里，就是天塌下来的大事儿。从社会风气到生活环境，从家庭纠纷到同事朋友的纷争，从马路塞车到刚买的衣服打了折云云，无事不可生怨。

生活中，女人要善于把烦恼抛在脑后，如果你实在想抱怨，那就把那些抱怨的话写下来，然后把那些烦恼你的事情一项项画掉，或是将纸撕掉、烧毁，相信你的心会在一定程度上变得开朗些。不管烦恼是怎么产生的，我们都必须合理地处理，及时摆脱烦恼带给我们的负面影响。

李敏是一家网络公司的职员，她待人一向温和，脸上总是带着笑意，可是由于最近工作压力加大，她变得烦躁易怒，对同事和丈夫都失去了耐心，内心焦虑，动辄就会发火。后来，她静下心来发现自己的这种不良情绪来自于她对自己工作中一个失误的担心，尽管经理告知她不用担心，但她心里仍感到隐隐不安。

于是，李敏周末时将内心这些的焦虑用语言明确地表达了出来，还把自己烦恼的根源和担心发生的事情写在了一张纸上，最后她发现，事情并没有那她想象的那么糟糕。了解到了自己不良情绪的来源后，她便开始集中精力对付它，而且一步步克服了那些担忧。她把更多的精力放在了工作上，结果，她不仅消除了内心的焦虑，还由于工作出色而被委以重任。

一个人不经历一些情绪的波动是不可能的，但是，如果总是要背着沉重的情绪和包袱过一种焦躁、愤懑的生活，不仅对自己无益，还会白白浪费眼前的大好时光，甚至影响到自己的前途和未来。

试想，如果你把所有的注意力都放在抱怨上，而不是去想办法解决，怎么可能会有快乐的心情和成功的机会呢？找一个合适的方法，把自己遇到的烦琐事情轻松处理掉吧。只有彻底抛却烦恼，舒缓紧绷的心情，我们才可以更好地面对生活。

抱怨太多，不仅会吞噬自己的生命之光，还会吞没友谊的绿树，吞灭爱情的鲜花，吞没自己建造的乐园。无穷的抱怨，把快乐摒之门外，错过了身边的时光，辜负了宝贵的生命。

生活是那样的多彩，即使有酷夏也会有阳春，即使有寒冬也会有金秋，相信走运和倒霉都不可能持续很久，何必要杞人忧天、坐困愁城呢？

再说，抱怨昨天，并不能改变过去；抱怨明天，同样不能帮助未来。与其徒劳无益地浪费时间，不如转变心态，寄放忧愁，化解怨气，采取积极的行动，做一些行之有效的努力。要知道影响人生的绝不仅仅是环境，心态控制了个人的行动和思想，心态也决定了自己的爱情和家庭、事业和成就。

就像宋朝女词人李清照所说的："才下眉头，却上心头。"抱怨可说是妨害健康的"常见病，多发病"。狄更斯说："苦苦地去做根本就办不到的事情，会带来混乱和苦恼。"如果能对所有的忧虑和哀愁不再抱怨，那就可称是幸福的女人，因为没有忧虑和哀愁的确是一种幸福。

中国有句古话说的好："宠辱不惊，看庭前花开花落；去留无意，望天上云卷云舒。"让我们在停止抱怨的意境中寻求幸福的真谛，共享人生无限广阔的天地。

面对抱怨，我们应该找一个合适的方式，将抱怨发泄出来，发泄完了，心情也就轻松了。你可以有很多排遣烦恼的方法，比如向亲人倾诉，找朋友一起解决问题，也可以找个没人的地方去大喊一吐为快。

女人面对人生这串由抱怨组成的小念珠，你要一颗颗地耐心数完，去面对、细看每一颗念珠，解决每一个也许是很小的抱怨，这样人生才会真正地完整与美满。抱怨只是庸人自扰，只要了解了这点，以发泄来各个击破它们，它们就再也不能成为你生活的障碍。

# 戒除报复的屠刀，获得热情的心灵

所谓报复，是指当人们受到强烈破坏性刺激后，产生的某种与对方行为相对抗的"以牙还牙"的反应性心理。

报复其实是人的一种防御本能，是人们进化过程中获得的一种生存竞争能力，切勿在一念之间，让自己的报复情绪积蓄成一股难以阻挡的可怕力量，让邪恶占了上风，到头来后悔莫及。

报复是人性中一处扭曲的心理死结。它很像潜藏的癌细胞，当人能控制它时，也许并没什么危害。可一旦它超过正常的心理比例，就会给人造成伤害。

报复心理是具有破坏性的，是一种不健康心理，是心胸狭隘、道德修养差的表现。报复心理不仅会对报复对象造成这样或那样的"伤害"，而且有害自己的心理健康。

"冤冤相报何时了"。报复别人不但于事无补，而且早晚有一天，这报复会回到自己头上。有报复心理的人，容易误解别人的意思，对别人怀有一种戒备和防范心理，很难与人相处。有时报复了别人，自己的良心也会不安，甚至自责自惩。这种人自我意识卑劣、行为极端、瞧不起别人，也不愿与人相交，因此没有良好的人际关系。

有一部电影描述了这样的故事：

美国西部拓荒时期，一位牧场的主人因为全家大小被土匪枪杀，因而变卖牧场，天涯寻仇。家被毁了，这种仇任谁都想报的，可是当这位牧场主人花了十几年的时间找到凶手时，才发现那位凶手已疾病缠身，躺在床上毫无抵抗能力，要求牧场主人给他致命的一枪，牧场主人把枪举起，又颓然放下。结果是，牧场主人沮丧地走出破烂的小木屋，在夕阳照着的大草原中沉思，他喃喃自语："我放弃一切，虚度十几寒暑，如今我也老了，报仇，它到底有什么意义呢……"

电影是人编的，但编剧根据的也是现实生活，虽然是电影，但一样可以提供人们深刻的反省。

首先来看看一个人要"报复"所需的投资。

——精神的投资：每天计划"报复"这件事，要花费很多精神，想到切齿处，情绪、心神的剧烈波动，更有可能影响到身体的健康。

——财力的投资：有人为了报复而投下一辈子的事业，大有

"玉石俱焚"的味道，就算不投下一辈子的事业，也要花费不少的财力来做准备工作。

——时间的投资：有些仇不是说报就能报的，3年5年，8年10年，甚至20年40年都有可能报不成，就算报成了吧，自己也年华老去了。

由于"报复"此事投资颇大，且还不一定报得成，而不管报得成或报不成，只要对"报复"这件事不只心动而且行动，自己就要元气大伤！

与人之间有不同看法和意见本来很正常，如果不过分在乎，能以健康心态去对待心中不满，就可以找到消除敌对情绪的好方法。有时一些事的确让你忍无可忍，就事论事地宣泄一下也无大碍。人是一个容器，憋得过分肯定会出大事。有些突发事件非要逼你大打一顿，大打也行，打完之后说不定双方都能获得一种轻松和愉悦。重要的是不要死记前仇，如果死记着仇恨不放，就会慢慢形成报复的死结。

女人是灵魂塑造的。当灵魂真的已被报复心控制，她失去最多的是人性中最宝贵的东西：宽容和慈善。失去宽容和慈善的人面部有一层潜藏的杀机，这层杀机严重衰减着这个人的魅力。人有时说不出什么高深的道理，但却能感觉出事物的本质。一个人接受另一个人，不是接受样子，而是接受感觉。许多报复心重的人也懂这个道理，不然他们就不会费力不尽地伪装自己。伪装很累，因此怀揣报复的人整天都觉得自己很有压力。

人的命运本来都是不错的，但很多人却往往让自己的不健康心理改变了生命的轨迹，生活由此变得苦不堪言。生命是一种在定律中舞动的音符，当你偏离自己正常的旋律，就意味着已将自己锁定在悲剧里了。如果我们站在历史的角度去审视报复的价值，我们真的会惊叹：报复的人生，成本实在是太昂贵！

我们在茫茫人世间，难免与别人产生误会、摩擦。如果不注意，在我们产生仇恨之时，仇恨袋便会悄悄成长，你的心灵就会背负上报复的重负而无法获得自由。

报复会把一个好端端的人驱向疯狂的边缘，使你的心灵不能得到片刻安静。

圣人说："怀着爱心吃蔬菜，也要比怀着怨恨吃牛肉好得多。"

要想生活中永远拥有安静和欢乐的心理，永远不要去尝试报复我们的仇人，因为如果我们那样做，更为深受伤害的只有自己。不要浪费时间去做那些毫无意义的报复，不要让自己的心因为报复更加痛苦。

报复毕竟是对他人的一种伤害，每个人在转动报复的念头时务必要多考虑报复的危害性。报复行为会不会受到社会舆论的谴责？会不会触犯纪律或法律？如果你的良心约束不了你，那只有法律来束缚你了。

有报复心理的女人一般心胸狭窄，易受情绪影响，且恶劣心境的作用强烈而漫长。所以，要加强自身修养，开阔心胸，提高自制能力，让自己在阳光雨露下生活。

# 戒掉抑郁，重建生命的价值

　　抑郁是一类以心境（情绪）低落为主要表现的心理障碍，它属于心理障碍的范畴，但却不单纯表现为心理问题。除了心灵痛苦外，还能让患者感到各种各样的躯体上的痛苦症状，甚至在有些时候可以表现为躯体症状更加明显，而掩盖抑郁情绪的隐匿性抑郁症，因而常常被误诊为各种各样的"神经官能症"，比如心神经官能症、胃肠神经官能症，等等。

　　抑郁情绪是生活中常见的情绪困扰，是一种感到无力应付外界压力而产生的消极情绪。

　　工作、生活，甚至刚刚生完宝宝后的忙乱，都有可能让女人患上抑郁症。抑郁症是女性的"头号杀手"。女性的心理相对于男性来说一般比较细腻，但正是这个细腻让各种"垃圾"、不愉快的心情在女性心里堆积，甚至会变质。随着生活节奏的加快，竞争加剧，女性的各种压力也越来越大，而很多女性正处于事业、家庭发展的关键期，如果不及时将各种不良的情绪驱散，抑郁离我们就不远了。

　　抑郁以心情显著而持久的低落为表现，严重的会伴有相应的思维行为改变，进而形成抑郁症。

　　诊断抑郁症并不困难，但是病人的表现并不典型，核心的抑郁症状往往隐藏于其心理和躯体的症状中，含而不露，因而容易导致

医生误诊、失治，甚至酿成严重后果。

我们不知道身边的人得了抑郁症，这并不奇怪，因为很多时候，我们甚至不知道自己什么时候也不知不觉变得抑郁起来。我们所能察觉的是，心情不太好，还有点提不起劲儿，问题或许从这时候起就已经显山露水，抑郁是从情绪低落开始的。

心境低落、兴趣下降、强烈的疲乏感，浑身无力、不愿说话等现象，都是抑郁症早期症状。曾深受抑郁症折磨的梅维丝曾是美国一个著名大学的讲师，几年前变得性格内向，时常抑郁寡欢，后来竟发展到不愿与人交流，每晚很难入睡。后来去治疗，由于医生最初以精神分裂症对她进行治疗，让她产生了严重的药物依赖，她曾3次自杀未遂。最后在心理咨询师的正确疏导下，才逐渐好转。而让梅维丝痛心的是，她的同学玛克辛患抑郁症后，因错过治疗最佳时机而跳楼自杀了。

梅瑞狄斯今年已经到了半百的年龄，是某汽车公司销售部经理。两年前，她开始出现头昏、头痛等症状，随后全身发麻，整天惶恐不安，现在胆小得连门都不敢出，还曾多次产生跳楼的念头。为此，她曾两次到医院就诊，但病情仍得不到根治，她不得不提早辞职。

医生对梅瑞狄斯诊断以后认为，病患可能是先天遗传受后天事激发引起了抑郁症，但也极有可能是在童年或幼年时期，有过创伤性的经历，当时因挫伤不明显没得到及时疏导，积虑一直滞留心中。成人后，在面临外界较大刺激后，便逐渐表现出来。

从抑郁发生的原因来看，往往是因一些较重大的生活事件引起，或者持久的不满意状态伴随，如果你经历了创伤性的生活事件，一定要做好心理防护工作。

抑郁者最大的问题就是对生命价值的否定，应对的方法就是重建生命的价值。比如引导抑郁者帮助别人，加入到一些公益性的志愿者活动中去；或者由其生活中比较重要的朋友或家人向她（他）传达一种她（他）存在的价值感。

有些抑郁表现是由于季节的原因引起的，主要是因为日照时间太短导致。尤其到了冬末春初，季节性抑郁是高发时期，此时需要主动走出去晒晒太阳，心情可能会立即灿烂起来。

运动祛百病。在雅典有块著名的石壁，上面写着：如果你想健康，请跑步吧；如果你想聪明，请跑步吧；如果你想被爱，请跑步吧！有大量的研究表明，适量运动可以化解身心的许多问题。当然，运动要适度，以微汗为佳。

抑郁的女人可以转换不愉快的记忆画面，人的头脑对画面的记忆远胜于文字及言语。为什么过得不快乐？是因为脑海中有不愉快的画面。所以，修改脑中画面，创造活力，就是决定我们幸福人生的关键。一些不愉快的画面，你可以重新定义，发掘里面的主角配角的种种可笑虚伪之处，重新的诠释定义，有助于情绪的转换。

# 走出斤斤计较的圈子，别再为小事抓狂

人们往往能勇敢地面对生活中那些重大的危机，却常常会被芝麻小事纠缠得苦不堪言。生命太短暂了，别让小事绊住我们前进的脚步，不要让烦恼浪费我们宝贵的时光。

著名的成功学家戴尔·卡耐基认为，许多女性朋友都有为小事斤斤计较的毛病。遇事斤斤计较，就会增添生活中的烦恼，在我们的生活中，尤其需要大度。如果一个人气量狭小，遇事斤斤计较，那么在生活中就会处处碰壁，烦恼无限。

相当多的女性朋友能够在大事面前稳住阵脚，却在面对一些小事时乱了方寸；可以承受得了巨大的打击，却为小事烦忧；可以在大事上潇洒地放手，却对一些鸡毛蒜皮的小事念念不忘、斤斤计较。我们的生命如此短促，为那些不值一提的小事生气，实在是不值得。

在生活中，每个人都会面临不同的人和事，也理所当然地会遇到各种各样的麻烦和烦恼，而关键在于自己如何去面对和处理。少计较一点，自己会很轻松。或许我们会在物质上有所失，但精神上我们会很快乐。并不是说要麻痹和欺骗自己，其实生活中很多的事情都不用去计较也不能去计较。

公交车上总是会有那么多人，从来就没有空的时候，这日李丹下班回家，在公司门前的那个站牌等公交车。左等右等，终于来了一趟。

天啊！公交车里好多的人，黑压压的。李丹努力地向上挤，终于挤上了车。但挤车时一不小心，踩了旁边的胖大嫂一脚。胖大嫂的大嗓门叫开了："踩什么踩，你瞎了眼了？"李丹本还想道歉来着，但一听这话面子上挂不住了，"就踩你了，怎么着？"

于是，两个女人的好戏开演了。双方互相谩骂，恶语相加。随着火力的升级，两人竟然动起了手，胖大嫂先给了李丹一下，李丹也立即以牙还牙，两手都上去了，在胖大嫂脸上乱抓一通。还是边上的好心人把两人拉了开。

李丹的指甲长，抓破了胖大嫂的脸，而她却没怎么受伤。想到这里，李丹不禁得意起来。

终于回到了家，一进家门李丹便向老公倒起了苦水。不过她倒认为自己没吃亏，反倒把那恶妇抓破了脸，所以，讲到这里一脸的灿烂，这时老公看了她一下，惊奇地问道，你右耳朵上的那个金耳坠呢？李丹一摸耳朵，耳坠早已不见了……

我们经常以为斤斤计较就是让自己不受伤害，事实上，这是一种小肚鸡肠的表现。总以为别人占自己一分便宜，自己就要想尽办法占三分回来，否则自己就是吃了大亏，但是事实真的就像我们想象的那么单纯吗？

老是去计较一些小事情，到了最后往往是自己疲惫不堪。我们何必要等到很疲惫的时候才去想是否该计较呢？少计较，不仅仅会让自己心胸豁达，也能和别人平易相处。无论怎么说，多一个朋友总比多一个敌人要好。俗话说：进一步寸步难行，退一步海阔天空！

一个肚量狭小的人，会有谁敢靠近你？不要做那种斤斤计较的傻事，对你没有任何好处。

每天都会遇到一些大事或小事，因此生活中的种种矛盾很难避免。如果遇到事夫妻之间总是斤斤计较，非要弄个谁是谁非，硬要讨个"说法"，这种较真的结果会带来烦恼和忧愁，久而久之，不利于身心健康与夫妻感情。特别是丈夫，作为男人就更不应该在小事上斤斤计较。有的丈夫在妻子买回东西后问得特别仔细，菜多少钱一斤，河西买是五毛钱，河东买是四毛五；单位出差和谁一起去，去几天，都去哪儿，怎么去，等等。同样，有的妻子也对丈夫买回的东西品头论足，这东西你买贵了，或者是质量上有问题你就没好好挑挑，等等。你说她是关心吧，又觉得她挺烦。

对生活中无原则的事，不必认真计较。从心理学角度看，对无原则性、不中听的话或看不惯的事，装作没听见、没看见或随听、随看、随忘，这种糊涂处世的做法，不仅是处世的一种态度，亦是家庭和睦的秘诀。

当你为一些小事生气的时候，不妨这样假想：如果下一刻死神就要降临，我还会在乎这些吗？还会大发牢骚以泄烦恼吗？当然不会！所以，轻轻松松接受你所遇到的，不论是好的还是不好的。

"生活就是源源不断的事件。"当你认知到小事常常发生，生活中原本就充满了冲突性的选择、要求、渴望与不可预期的事时，你就会变得平静，不会再浪费宝贵的精力去为鸡毛蒜皮的事争斗。

少计较好啊！自己轻松不说，别人也高兴！于人于己皆大欢喜！哎呀！早就该这样想了嘛！

人活在世上只有短短几十年，却浪费了很多时间去愁一些很快就会忘掉的小事。而当你敞开心胸、扩大自己的视野时，你会变成一个平静、安宁的人，会从容面对生活，不再为小事抓狂！

# 抛开心灵上的枷锁

　　幸福的过程就是一种制造艺术的过程，怎样让自己寻找到其间的幸福真谛？那就要不断地积累经验，不断地尝试与面对新的事物，轻松快乐地面对每一天，面对每一个人。不要束缚自己的心灵，勇敢地往前走，享受生活带来的一切，生活一定会给你一个幸福、美好的答卷。

　　在生活的变幻莫测中，我们常常会不小心掉入情绪的苦闷中，甚至久久不能自拔。每当这时，我们的心灵就会被套上一个重重的枷锁，它扭曲着心灵的健康成长，束缚着我们的手脚，以致成了生活中的桎梏和梦魇。

　　人的一生充满许多坎坷、许多愧疚、许多迷惘、许多无奈，稍不留神，就会被自己营造的"心狱"监禁。而这些坎坷、愧疚、迷惘、无奈甚至痛苦、悲伤，正是"心狱"形成的温床。

　　任何人都有权利有机会去施展才华、张扬个性，重要的是有一个健康的心灵，才能更好地如愿以偿。什么样的树结什么样的果，只有美好、健康的心灵才能造就出一种健康快乐的生活，拥有一颗健康的心灵，就如同拥有了一种快乐的人生，让我们都能寻找到一种打开心灵枷锁的有效方法，将自己的生活装扮得五彩缤纷，也将自己的人生装点得光辉灿烂!

其实每一个人的心都是自由的,如果你感叹心太累,那么一定是你自己锁住了自己,何必做一个自筑牢狱的庸人呢?跳出来吧,幸福正在等着你。

大多时候,不是外界的力量束缚了我们,而是我们自己的心将我们自己框死。为何不开释自己的心灵,让自己跳出心灵的圈子,让心境恬静一点、洒脱一点。

人们看惯了日升月落,春秋代序,习惯了一年四季春夏秋冬的冷暖世象,却很难看淡人间的悲欢离合,情仇恩怨,更难将伤心难过看得风轻云淡。

停留与驻足不应该是你人生失意时的选择,抬眼望天,太阳永远光彩夺目,月亮永远以暗夜作幕。生活不可求全责备,披着阳光的色彩前行,生活才会有光明照耀。细细想来,其实你完全可以很幸福,就像下面这个寓言中烦恼少年的经历一样。

有一天,他来到一个山脚下。只见一片绿草丛中,一位牧童骑在牛背上,吹着悠扬的横笛,逍遥自在。

烦恼少年看到了很奇怪,走上前去询问:"你能教给我解脱烦恼之法吗?"

"解脱烦恼?嘻嘻!你学我吧,骑在牛背上,笛子一吹,什么烦恼也没有。"牧童说。

烦恼少年试了一下,没什么改变,他还是不快乐。

于是他又继续寻找。走啊走啊,不觉来到一条河边。岸上垂柳成阴,一位老翁坐在柳阴下,手持一根钓竿,正在垂钓。他神情怡然,自得其乐。

烦恼少年又走上前问老翁："请问老翁，您能赐我解脱烦恼的方法吗？"

老翁看了一眼忧郁的少年，慢声慢气地说："来吧，孩子，跟我一起钓鱼，保管你没有烦恼。"

烦恼少年试了试，不灵。

于是，他又继续寻找。不久，他路遇两位在路边石板上下棋的老人，他们怡然自得，烦恼少年又走上前去寻求解脱之法。

"喔，可怜的孩子，你继续向前走吧，前面有一座方寸山，山上有一个灵台洞，洞内有一位老人，他会教给你解脱之法的。"老人一边说，一边下着棋。

烦恼少年谢过下棋老者，继续向前走。

到了方寸山灵台洞，果然见一长髯老者独坐其中。

烦恼少年长揖一礼，向老人说明来意。

老人微笑着摸摸长髯，问道："这么说你是来寻求解脱的？"

"对对对！恳请前辈不吝赐教，指点迷津。"烦恼少年说。

老人答道："请回答我的提问。"

"有谁捆住你了吗？"老人问。

"……没有。"烦恼少年先是愕然，尔后回答。

"既然没有人捆住你，又谈何解脱呢？"老人说完，摸着长髯，大笑而去。

烦恼少年愣了一下，想了想，有些明白了：是啊！又没有任何人捆住我，我又何须寻找解脱之法呢？我这不是自寻烦恼，自己捆住自己了吗？

少年正欲转身离去，忽然面前成了一片汪洋，一叶小舟在他面前荡漾。

少年急忙上了小船，可是船上只有双桨，没有渡工。

"谁来渡我？"少年茫然四顾，大声呼喊着。

"请君自渡！"老人在水面上一闪，飘然而去。

少年拿起木桨，轻轻一划，面前顿时变成了一片平原，一条大道近在眼前。少年踏上大路，欢笑而去。

幸福是一种觉悟的境界，是一种安详，人能够活得无忧无愁，没有烦恼，心无挂碍，你就会感悟到世界上最美丽的表情就是开心微笑，因此，你也会享受幸福的时刻。

跳出心灵牢狱的方法在你自己的手里，没有人可以左右你的思想，如果你依然用烦恼自扰，别人也不可能帮上你的忙。因为无人可以把他的意志强加在你的头上。境由心造，要想获得幸福，何不自己跳出来？

# 第八章

# 适可而止——戒太过精明

精明的女人总是男人和女人的焦点,特别是漂亮的精明女人总是能成为大家讨论的话题。曾经有这样一句话:"太精明的女人往往会失去很多,尤其是感情;太精明的女人也许会得到很多,但感受不到真情,只因为她们太过精明。"女人面对精明的女人也许会把她当成是自己的梦想,男人面对精明女人也许只能站得远远的欣赏。精明的女人往往会失去很多。不但男人望而生畏,而且有时女人也会觉得很可怕。有一位成功的男士曾经说过,精明的女人要学会装糊涂,而不是时时刻刻都表现出自己很强的一面。越聪明的女人越会做好这一点,该精明的时候精明,该糊涂的时候就必须装糊涂。精明要适可而止才是真的精明!

# 不要不分场合的"天真"

天真是女人独有的天性——美好、单纯，带有一点天真，偶尔流露一点童贞、孩子气的女人，是最为动人的女人。女人的天真要分场合，而且要发挥得适当。

Lisa 今年 27 岁，是某公司的白领，性格活泼开朗，像个小孩子，男朋友很疼她，同事们尽管很喜欢她，却总是受不了她那股天真劲，都搞不懂她这种天真是真的还是装的。

一旦她发现有点什么事，她都会大声地凑过来，"哇！你说的是真的吗？"那样子就像个十几岁的孩子。加上日渐成熟的脸却梳着与年龄不相符的两个小辫，毫无顾忌地在办公室和男朋友发嗲，说起话就是"人家不愿意嘛……"渐渐大家都开始对她产生了反感，成为了大家疏远的对象。

天真的女人，不会掩饰自己的想法。天真的女人，从不矫揉造作。天真的女人，更不会怨恨记仇。在她们的眼中，只要她们不欺骗别人，别人就不会欺骗她们。在她们的心中，爱情永远是那么纯洁。尽管受到挫折打击，一次次地失落，仍然一片真诚地对待身边的每一个人。她们是这个世界最后遗留的纯真。然而如果把握不好这种纯真的界限，她们将永远成为这个社会的弱势群体。

而还有这样一种女人，受骗上当永远找不到她们。她们在处理人际关系时圆滑老道，办起事情雷厉风行，说起话来滴水不露，工作起来不苟言笑，二十几岁的年龄看起来却丝毫不逊色于三十几岁的女人……她们在职场上游刃有余，仿佛自己天生就属于这里。即使在家人和爱人面前仍然一副主管的权威。

在生活中女人有时候还应该保持一颗童心，天真地看待万事万物，自然地看待花开花落，从容面应对尘世的变化，用一颗感恩的心来面对春花秋月、夏风凉冬，自然地开花结果。成熟与天真并存，是最可爱的女人。

在办公室、在社会上，聪明的女人可以是和男人一样的强悍，对待生意上的对手毫不客气，办事风格让行内人士扼腕。但是当回到家里时她们应该又恢复了天真和可爱，她们会在下班的时候对着男朋友的电话撒娇，让他下班后乖乖地在家里等她；也会在逛街的时候看着橱窗里的布娃娃眼睛发光；你不会看到她被老板责骂后在办公室放声大哭，但是她会在家里和男朋友大肆宣泄她对老板的不满，然后在男友的抚慰下忘掉所有的不快，在男友的宠爱的目光中安静地睡去……

永远记住，办公室是工作的地方，不是展示小女人天真的地方，那样会让同事和你的老板认为你不成熟，不敢委以重任，降低他人对你的信任度。

第八章

——适可而止

戒太过精明

201

# 放下那段错误的记忆

　　没有人永远是正确的，当你做错事的时候，只需想到别人兴许也会犯这样的错误，别人在其他问题上也会犯错，这样你就不会过于自责，气也就消了。

　　当我们觉得自己的行为违背了道德标准或者社会公德时，就会感到自责；当我们回想曾经发生的不幸，对于自己的错误行为也常常感到悔恨和自责。我们往往长时间地沉浸在这样的低落情绪当中，不能自拔。这真是自找气受，我们可以宽容别人，为何不能原谅自己呢？

　　一位年轻女孩跟一位玉雕大师学习雕玉的技艺，年轻女孩一学就是九年，师傅把雕玉的步骤、技巧都一一传授于她。无论是选玉的视角、开玉的刀法、下刀的力道、打磨的时间，年轻女孩都能熟练地把握了。

　　可有一件事让年轻女孩不明白，虽然她的操作和师傅一模一样，但大师雕的玉就是比她雕得好看，价也比她的高出好几倍。年轻女孩开始怀疑大师没有把绝技传授给她，所以他们雕出来的玉差别才那么大。

　　年轻女孩越想越生气，开始惋惜自己在此花费的九年光阴。一天，大师把她叫到书房，对她说："我的全部技艺已经传授于你，你离开师门之前，需雕刻一样作品作为你的毕业总结。我已经在南山购得一块璞玉，准备让你来雕一个蟹篓，雕玉的价钱已经谈好，到时候你可以用这笔收入作为自立门户的本钱。"

年轻女孩一看那块璞玉，是一块翠绿的极品岫玉，显然是师傅花了大价钱才购得的。年轻女孩想：我一定要认真雕这块宝玉，一定要超过师傅。

于是年轻女孩憋着一股劲，开始动手雕刻。这种心气让她无法平静下来，手中的刀似乎也不听使唤，终于在雕篓口的一只螃蟹时歪了，刀痕划过美玉，一瞬间，她崩溃了。她无法原谅自己的失误，于是不辞而别，放弃未完成的玉走了。

后来，年轻女孩在几家玉雕作坊里工作，不过多年来她从没雕出一件像样的作品，因为每当她拿起刻刀，那块翠绿岫玉上的刀痕就会浮现在她脑海里。由于作品一直不出彩，她一次次被作坊老板辞退。在被第八家作坊辞退的时候，她彻底失去信心。这时她想起了大师，决定回去看看。

面对身背荆条跪在门前的徒弟，大师并没有觉得很诧异，只是和过去一样，心平气和地说："开工了。"她哭了，然后跟着大师来到书房，大师从一个方匣中取出那块翠绿岫玉，一刹那间那深深的刀痕又进入她的眼帘。

大师当着她的面，拿起刀在那深深的刀痕上雕琢。没过多久，一只活灵活现的小龙虾出现在螃蟹背上，原来那道刀痕不见了，呈现在眼前的是一件巧夺天工的艺术品。年轻女孩扑通一下跪在大师的面前，满面羞愧地央求道："请师傅传授这雕玉绝技。"

大师神态平静地对她说："我已经把全部的技艺都教给你了，如

果说有什么绝技的话，就是一句话：刻在玉上的错，不应该再刻在心上。"

大多数情况下，我们之所以感到自责，是因为我们想要向自己以及周围的人表明，我们为自己的行为感到十分抱歉。从本质上来说，我们是在进行自我惩罚，为以前的错误寻找解脱的出口，并且企图改变曾经发生的不愉快。可是过去发生的一切都不可能从头再来。

不断地自责，无疑会让自责成为一种思维定式和习惯，不知不觉中消磨了改变的意志。甚至，把自责当作一种减轻压力的工具，而事实上，如果不能及时脱离这种无节制的情绪低谷，自责还会继续下去，而且压力越来越大，情绪也越来越坏，到头来问题还是没有解决。

自责不同于吸取教训。适当的自责会让你认识错误、改过自新，但强加的自责只会把你变成过去的俘虏，不仅不能树立信心，反而因此停滞不前、消极逃避，这实际上是一种更加不负责任的行为。不能原谅别人、心怀怨恨的人，同样也不能原谅自己。他们都是饱受自责情绪折磨的人。

发现问题后，不要为此急着责怪自己，而应该尽早尽快地把它解决掉。越早解决，你就会越快摆脱它所带来的痛苦。只有这样，你才能尽快走出自责的阴影，怀揣一份积极快乐的心态坦然面对未来。

做错事不可怕，可怕的是你因为做错一件事就永远被打败。"人非圣贤，孰能无过"，无论是在工作中还是生活中，犯错本来就是难以避免的事情。关键不在于你犯的错本身，而在于你犯错之后的反应。

　　如果你失去了直视错误的勇气，从而失去做事的心情，很可能就会赔上你的现在还有未来。所以，切莫再抓住过去的伤疤不肯放手，赶快从自怨自艾的泥潭中跳出来，朝气蓬勃地投入到新的生活和事业中去吧！

　　人生最可怕的，莫过于背着心灵的包袱走路了。一路走来，辛苦疲惫不说，最终还无法达到目标。只有学会放下，放下自己曾经做过的"错事"，原谅那些意外，不堪重负的心灵才能从中解脱出来，重新找回做"错事"之前的自己，开始一个不一样的精彩纷呈的旅途。


# 舍弃是做人的功底，也是人生的必修课


　　在生活中，有时候只有放弃才能得到，但许多人却不明了二者的辩证关系，一味地想要获得，不想放弃，结果却什么也得不到。

　　佛家常常说一个人有"悟性"，说的便是一个人懂得取舍的智慧，知道何为可取之物，知道何为必舍之事，取舍之间，如蜻蜓点水，却恰到好处。一念之间，却把世事想透，不多取一分，也不胡乱舍弃。聪慧如此，必然幸福满怀，于是就常听人们说某某人好福气，却忘了自己其实也可以有"福气"，只是曾几何时，没有掌握好取舍间的尺度与智慧，于是最终只能艳羡他人。

如今尘世中的女人们，有一些"终朝只恨聚无多"，做什么都想赢，做什么都不肯舍弃一分一毫。纵观社会，横看人生，既有饿死、穷死的，也有撑死、富死的，甚至有窝囊死的；有人因祸得福，有人因福得祸……不胜枚举。何时该取，何时该舍？这个平衡点真是很难掌握，而天下也没有放之四海而皆准的真理，我们能做的，就是根据此时、此地、此情、此景去综合权衡利弊得失。只要分析出利大于弊，即可作出取舍；而妄求只有利益，没有弊处，就永远选不对，心里永远不平衡。

女人更要学会放弃。放弃那些本不该属于自己的东西，可以释放捆缚的心灵。说"再见"，不说"永别"，会让热烈的渴盼在希望的余温中慢慢褪色、直至平淡、甚或化为乌有。这样的放弃，不会让你灼痛。你依然可以在模糊中暗自享受弃前的种种美好。于是，你依然会昂首走路、笑语盈盈。尽管一个人独处时，你仍然会双眼迷蒙。

放弃是最好的选择。放弃的东西，可不可以重新拾起？

有的可以，而有的只能是一种永久的挥别。

于人于己有益的、让你心灵宁静或愉悦的，你可以重新去开启，哪怕追逐的路途中荆棘丛生；而有的东西，你轻而易举地捡取、哪怕是不经意间的捡取，则会使你内心愧疚不安、无依无着、甚至自尊受损。你一旦沉迷于无形的罩子下时而欢欣、时而惆怅，你的思绪便为之束缚，你的视线便会为之左右。于是，你便会失去一个阳光的自己。

得与失的标准是什么？唯有你的那颗善感的心最明了。

可以拾取的，你可以轻松相拥；不可以享有的，请你深情地挥手，哪怕逝去的光点让你泪雨滂沱，你依然要这样做，果断地放弃。唯有这样，才是最明智的选择。

放弃的，可能会保留一点儿美的成分，而苦苦强留的，则必定会索然无味——因为心灵的感觉最真。

换种方式去面对，或许你会拥有亮丽的心境：你会抱守自尊、张扬个性、放飞理想，不会去计较、猜疑、甚至抱怨——因为你懂得知足之贵、距离之美。大千世界，美的事物比比皆是。你能撷取的，又会有多少？得不到时，就远远地默默地凝视也罢，或许飘逸的花香真的会使你沉醉；诚如是，相信阳光会永久地把你普照。

说再见吧，放弃有时真的很轻松美好。

说再见吧，放弃未尝不是一种度量和智慧。

尤其是心累的时候……

高华全身心爱上了一个已婚男人，有些不顾一切，不惜和父母闹崩，离家独居。而那个男人呢，许诺的离婚竟遥遥不可及，像水中月一样，看得见，却触及不到。

高华从 23 岁等到 28 岁了，朋友劝她，分了吧，你有多少青春可以这样等待，还要等多久？她说，我要一直等下去。

五年的美丽青春年华里，她不平、愤懑、幽怨，在爱与恨交织的感情里进行着一场没有硝烟的战争。

她会自卑，问道：难道我真的没有他老婆好，不如她漂亮、性感、温柔？

她会神经质，穿上夸张的衣服，去酒吧喝个通宵，有时和她在街上走着走着，她会突然泪流满面，让你措手不及，甚至她会和你讨论各种自杀方式的利弊。

她会玩消失，不向单位请假，不告诉任何人，跑到一个清静的地方玩上几天，所以她工作也干不好。

这样的爱不要也罢，劝她最多的朋友小雅这么说，她却不听。

一个阳光的午后，朋友小雅和高华在桌前吃樱桃，看鱼缸里养的小龟，小雅丢了一颗樱桃核进去，小龟马上爬过去，啃了起来，高华赶忙扔进一块樱桃肉进去，那块樱桃肉就在小龟的眼前，可是小龟看也不看一眼，一味地啃着樱桃核，那颗樱桃核已经被小雅把玩了好长时间，一点肉也没有，小龟费力地啃着，却是徒劳，高华着急道：吃樱桃肉啊，笨笨，放弃那颗樱桃核吧！小龟白费力气啃了半天，终于放弃了，转向那块樱桃肉，很欢畅地吃了起来。朋友小雅说道：看，放弃是多么好的一件事！高华怔了怔，若有所思的神情。

没多久，高华和她的男友分手了，干净利落。她只是笑笑对小雅说：我不能比小龟还笨，我也懂得放手。到了年底，高华和她的新男朋友参加了一个聚会，一个斯文帅气的男孩，对她很体贴的样子，让人好生羡慕。

也许在大师、圣人那里，坚持是一种精神，一种征服的力量，可是在平凡的芸芸众生这里，太多的坚持只能带来更多的麻烦，而放手，就能起到四两拨千斤的作用，有柳暗花明的妙处。

对于无法得到的东西、职场的得失、是非恩怨，如果真要苦苦争取，分辨清楚，久浸其中，徒增伤害，跳出来看呢，会发现别有洞天，一片新天地。

像做一道巧妙的数学题，苦做一番却没有解开，如果一直做一直做，可能你的负担会更重，头脑会有些糨糊了，不如放下手来，做点其他的什么事，说不定某个时候，你的灵窍一开，里面的巧思全然明白。

作为女人，什么样的人生最成功？没有定论，全看个人。非要一味概之，就落入愚蠢的窠臼。完全照搬那些看似风光的女人的经验与路径，最终只会"舍"错人、"舍"错事，最后取得的人生，貌似自己曾经所羡慕和企求的，却无论怎样也快乐不起来，只有满怀的懊恼，甚至可笑。如果一定要给成功女人的人生下一个定义，给一个框架，那便是，当一切尘埃落定，内心充盈，感觉到实实在在的幸福，而无论外界的眼光。

有时候不放弃，不绝望就不会有新的开始，放手在某个时候比坚持更为重要，学会放手才能得到生活的真谛，生活百味，何必苦守？

第八章 适可而止
——戒太过精明

# 从容放下过多欲望，旋转幸福色彩

通过心理调节，使自己能够平静地对待目标，从而减轻或消除心理负担，幸福也就会悄然而至。在世界上所有获得幸福的途径中，这种方法的投入产出比最高，它基本上不用你花一分钱，有时甚至能省钱。

欲望往往会蒙蔽人的心智，让我们失去理智，做出不可理喻的事情，也让我们心灵无法平静，无法享受到生活的幸福。

有位名人说："欲望越小，人生就越幸福。"这话，蕴含着深邃的人生哲理。它是针对"欲望越大，人越贪婪，人生越易致祸"而言的。

其实，我们每一个人所拥有的财物，无论是房子、车子、票子等，无论是有形的，还是无形的，没有一样属于你的，那些东西不过是暂时寄托于你，有的让你暂时使用，有的让你暂时保管而已，到了最后，物归何主，都未可知，所以智者把这些财富统统视为身外之物。

幸福到底是什么？许多人都在问，其实得到幸福很简单。听一听自己内心的声音，扔掉那些对自己来说十分奢侈的梦想和追求，那么，你就被幸福包围了。

有位著名的心理学家说："一个人体会幸福的感觉不仅与现实有

关，还与自己的期望值紧密相连。如果期望值大于现实值，人们就会失望；反之，就会高兴。"的确，在同样的现实面前，由于期望值不一样，你的心情、体会就会产生差异。

面对难填的欲壑，我们应尽量享受已有的。这样，生活就会是真实的，富有质感的，一年三百六十日，日日太阳都是常新的。

欲望的满足不是满足，而是一种自我放逐，欲望会带来更多、更大的欲望。如果我们为欲望所左右，为欲望的不能满足而受煎熬，那么人生还有什么滋味？

欲望不能满足，贪爱没有止境。是啊，欲望像越滚越大的雪球，蛊惑着人们拼命向前。幸福的标准又是什么呢？有许多人都不知道。人们的心灵被欲望占据久了，都有些麻木了。

在现实生活中，人们总是喜欢拼命地追求、索取，以为这样便可以得到幸福，殊不知，当你费尽心机地实现了这个目标，消除了一个烦恼，很快你又会有新的没有实现的目标，你又会烦恼。如此反复，永无尽头。事实上，人们追求的东西往往是自己并不需要的。

成龙拍完《我是谁》这部大片之后，在一次采访中说，他拍电影的场地从非洲到繁华的都市，有着很深的感触。他说："在非洲，人们很容易满足，有面包能吃饱肚子，那就是幸福的一天。可是，繁华都市里的人，不用担心三餐，却有着很多的烦恼，他们总是在追求自己所不需要的东西"。

有一个从事房地产的女人，经过几年的打拼，在本地已小有名气了。她每天的生活就像上足劲的发条一样，被传真、资料、甲方以及各种方案充塞得满满的。

一天，她加班到很晚。从公司出来后，走了很远的路也没有叫到车。走得热了，她停下来，仰头出了口气。这时，她吃惊地看见星星在丝绒般的夜幕中闪烁着，洋溢着一种无言的美丽。一如她大学毕业前的最后一晚，几个要好的同学躺在学校图书馆前的草坪上看到的那样。那一晚，她们深深被血脉中扩张的青春激动着，广袤的星空与未来的前途一片光明。

从那以后，她几乎再也没有时间去注视过夜晚的星空了。因为从她走入社会，她一直保持着弯腰向前奔跑的姿势。太忙了，欲望总在膨胀，目标总在前方，于是她不停地向前奔跑着……

每个夜晚的这个时刻，她多半在应酬或是在作楼盘计划和方案，她从没有想过哪怕透过一扇小窗，去望望宁静的夜空，倾听心灵一些细小的声音。

今天，当自己站在这静谧的星空下，她突然想起以前在大学看过一位日本餐饮业巨头总结的成功之道：在其连锁店中能提供给顾客的，永远是17厘米厚的汉堡与4℃的可乐。据他的研究人员研究发现，这是令客人感觉最佳的口感。当然，你也可以选择把汉堡做成20厘米厚，把可乐加热到10℃，但它们并不意味着最佳口感。

对于幸福，其实也只要17厘米和4℃就够了。幸福，它是一路上持续发生的，就如深夜静谧而美丽的星空所带给人的震撼，而非那个令人疲惫的终极雪球。

欲望的永不满足不停地诱惑着人们追求物欲，然而过度地追逐利益往往会使人迷失生活的方向，因此，要知道欲望是无止境的，我们要珍惜眼前的幸福，这样才能把握好自己的幸福人生方向。

# 戒掉重负，让幸福之舟轻扬

在追求幸福的关口，会长出一些杂草，侵蚀美丽人生的花园，搞乱幸福家园的麦地。女性朋友要学会对这些杂草进行铲除。

你是否每天都背着沉沉的行囊，疲惫前行？你是否每天都在给自己很多目标、很多要求？你是否一直纠结于生活的细枝末节？幸福的你，问问自己，这些是否重要到让你每天带着严肃的面孔，是否重要到让你失去轻松纯真的笑容？

在短暂的生命中，苦乐相随，没有人会永远一帆风顺，也没有人会永远水深火热，家家有本难念的经，每个女人都有自己的烦恼，而不同的是，她们对待愁苦的态度。面对生活中的磨难，有的女人成天怨天尤人，有的女人离幸福越来越远，但也有一种女人，她反而如花苞绽放，拥有了更加成熟淡定的隽永气质。这种女人，就是幸福的女人。

人生就像爬山，本来我们可以轻松登上山顶去欣赏那美丽的风景，但由于身上背负了太重的欲望包袱，带着没有止境的索求上路，我们不但越爬越累，登不上山顶不说，甚至连沿途的美丽风景也会忽略掉，空留一身的疲惫。

有一个年轻的妇人觉得每天不堪生活重负，没有丝毫的幸福可言。于是，她去请教一位德高望重的哲人。哲人把一只竹篓放在她的肩上说："你背着它上路吧，每走一步都要从路边捡一块石头放在里边，看看是什么感受。"那个年轻妇人虽然大惑不解，可还是按哲人说的去办了。可刚走了几百步，她就感到背负太重受不了了，因为竹篓里已经装满了沉重的石头。"知道你为什么感觉不幸福吗？是因为你背负的东西太沉重了，它已经把你的幸福压抑殆尽了。"哲人从竹篓里一块一块地取着石头说，这块是功名，这块是利禄，这块是小肚鸡肠，这块是斤斤计较。当大半篓石头被扔掉后，那个年轻妇人背起竹篓走起路来感到从未有过的轻松。

适当减负，幸福之舟才能轻扬，内心才能恢复宁静，身心才能得到休息。生活中其实有很多美好、很多幸福等待我们去挖掘、去发现，然而因为我们庸人自扰，总是把一些莫须有的东西背上身，如一个职称、一笔钱、一段发霉的感情、一些他人的期望……其实人应该对自己好一点，很多东西并不如我们所想的那样重要，是我们自己把它们背上身，并且又扩大化。

幸福的女人，无论你的梦想和目标是什么，过去的都已经过去，现在才是真正的开始，立即拿出行动，跟昨天挥手告别，这样才能真实地看到明天的希望。

幸福，其实很简单，忘却过去，刷新自己，才能获得更多灵感，人也一样，把勤劳致力于当下，致力于未来；远离偷懒，掌握自己的命运，踏踏实实地做事，把握好生命的每一分钟，就有可能实现理想，就有可能接近成功。

戒掉那些不值得带走的包袱，拿走拖累自身的行李物件，这样你才可以轻松地走自己的路，人生的旅行才会更加愉快，可以登得高行得远，看到更美更多的人生风景。

214

你应用足够的精力和智慧去赢取你真应该拥有的东西，努力去完成自己应该做的事情，自由自在地发掘自己的潜力，主题明确地直奔自己应该追求的目标，坚定不移地走自己的路，充分实现自己的人生价值。勇于去戒掉束缚自己的世故人情，戒掉那些不适合自己去充当的社会角色，戒掉诱惑你的功名利禄，戒掉徒有虚名的奉承夸奖，戒掉各种蒙住你的眼睛的遮羞布。

如果你不及时地将损害自身的杂草戒掉，不及时地将它们从生活中扫除，从心灵里清理出去，它们就会妨碍你本应拥有的快乐，绊住你前进的脚步，蒙住你判断是非的眼睛，占据你宝贵的人生空间，榨干你生命土壤里的水分和营养，打破你的发展次序，给人生添乱、添烦。

生命对于任何一个人而言仅有一次，没有时间去让太多无关的人事功名来消耗自己的光阴与智慧；更不能与那些消耗自己的人与事，来个持久战，让它们给自己不断地带来麻烦和损失。这时，你就要用戒掉来保护自己，来成就自己，来砥砺自己。

戒掉，需要智慧和远见，戒掉，有时使我们心疼、心碎。戒掉钻营权利与沽名钓誉，你也许将布衣终身；戒掉金钱职位，你也许再也没有了享乐的机会；戒掉社交和朋友，你也许要承受孤独和寂寞；放弃失败的恋爱婚姻，你要独自飘零单飞。这一刻，请不要怀疑，不要犹豫，只要迈出这一步，继续前进就不太困难，因为你不再有负累，你的心是轻松的。

假如你感到太苦、太累、太烦、太忙、太杂，假如你有太多的心事，假如你失去了表现自我的机会，假如你没有得到真爱真情，假如你的生活被众多的迷雾遮住了眼，请尝试戒掉一些包袱与拖累，为自己减负，轻装前进。

戒掉幸福土地和花园里的这些杂草害虫，这样才有机会，同真正有益于自己的人和事亲近，才会获得适合自己的幸福。才能在幸福的土地上播下良种，致力于幸福的耕种，最终收获丰硕的幸福粮食，在幸福的花园中采摘到鲜丽的花朵。

## 烦心琐事皆抛开，享有幸福时刻

在当今这个激烈竞争的社会，有时女性们在努力奋斗的同时也失去了心境的平静。而在这个以成败论英雄的社会，女性朋友真的需要戒掉所谓的烦恼，谁说跟命运抗争就一定会赢呢，或许命运本身就是对的！所以，我们也该卸下强出头的烦恼，顺其自然，或许，这样的心境能让我们有种"柳暗花明又一村"的惊喜！

《坛经》中慧能禅师一语道破"风动"与"幡动"的本质皆为"心动"。这是坐禅者应该达到的基本境界，也是女人行事处世的幸福之本。

佛眼禅师曾做过一首名为《无题》的诗偈，正好诠释了慧能禅师的意思——

春有百花秋有月，夏有凉风冬有雪。

若无闲事挂心头，便是人间好时节。

此偈的首两句描写大自然的景致：春花秋月，夏风冬雪，皆是人间胜景，令人赏心悦目，心旷神怡。然而禅师将话锋一转又说，世间偏偏有人不能欣赏当下拥有的美好，而是怨春悲秋，厌夏畏冬，或者是夏天里渴望冬日的白雪，而在冬日里又向往夏天的丽日，永无顺心遂意的时候。这是因为总有"闲事挂心头"，纠缠于琐碎的尘事，从而迷失了自我。只要戒掉一切，欣赏四季独具的情趣和韵味，用敏锐的心去感悟体会，不让烦恼和成见梗住心头，便随时随地可以体悟到"人间好时节"的佳境禅趣。

只要我们正在经历生活，就免不了会有一些事情占据、藏在心间挥之不去，让我们吃不下、睡不着，然而这些事情却并非那些重要而让我们非装着不可的事情，只是我们庸人自扰罢了。

有一位成功的女企业家，虽然赚了几百万美元，但她似乎从来不曾轻松过。

她下班回到家里，刚刚踏入餐厅中。餐厅中的家具都是胡桃木做的，十分华丽，有一张大餐桌和六张椅子，但她根本没去注意它们。她在餐桌前坐下来，但心情十分烦躁不安，于是她又站了起来，在房间里走来走去。她心不在焉地敲敲桌面，差点被椅子绊倒。

她的孩子这时候走了进来，在餐桌前坐下。她说声你好，一面用手敲桌面，直到一个仆人把晚餐端上来为止。她很快地把东西一一吞下，她的两只手就像两把铲子，不断把眼前的晚餐一一铲进口中。

吃过晚餐，她立刻起身走进起居室去。起居室装饰得富丽堂皇，意大利真皮大沙发，地板铺着土耳其的手织地毯，墙上挂着名画。她把自己投进一张椅子中，几乎在同一时刻拿起一份报纸。她匆忙地翻了几页，急急瞄了瞄大字标题，然后，把报纸丢到地上，拿起一根香烟，点燃后吸了两口，便把它放到烟灰缸去。

她不知道自己该怎么办。她突然跳了起来，走到电视机前，打开电视机。等到画面出现时，又很不耐烦地把它关掉。她大步走到客厅的衣架前，抓起她的帽子和外衣，走到屋外散步。她持续这样的动作已有好几百次了。

女企业家在事业上虽然十分成功，但却一直未学会如何放松自己、未能体会什么是幸福。她是位紧张的企业家，并且常常放不下公司里的那些琐碎事情。她没有经济上的问题，她的家是室内装饰师的梦想，她拥有4部汽车，但她却感觉不幸福。为了争取成功与地位，她已经付出了自己全部的时间去获得物质上的成就，然而，在她拼命工作、拼命赚钱的过程中，却迷失了自己。

假如我们能够适时地将心中的那些烦心琐事抛开，解放迷茫的内心世界，心境自然会变得悠游自适，我们也就会感觉很幸福。

投入生活，就会受到来自于诸多方面烦恼的干扰，常常令我们身心疲惫、痛苦不堪，然而心病还需心药医，只有我们从内心摆脱这些烦恼的束缚、将它们全部抛开，才能让心灵得到真正的轻松，享有幸福时刻。

# 戒掉盲目的执著

坚持是实现梦想的条件，但不是必备条件。知难而退，有时是勇气，有时是愚蠢。必要的时候，知难而退，不是懦弱而是一种智慧。

在人生的每一个关键时刻，应审慎地运用智慧，做出正确的判断，选择正确的方向，同时别忘了及时检视选择的角度，适时调整。

人生是为了什么？我们要获得幸福，最关键的要素是什么呢？聪明如你，一定知道该执著时要执著，该放弃时要放弃的道理。只有戒掉苦恼，才能与幸福同行。生活中，有时不好的境遇会不期而至，搅乱我们的生活，让我们猝不及防，这时我们更要学会戒掉，不要以为所有的执著都是褒扬，有时候，执著只是一种固执，只是当局者迷而已。

现实生活中就有这么一些执拗的人，一旦认定的事就非做不可，不管那件事究竟值不值得做，直到耗尽精力、财力才肯罢休。

一生中，我们无数次地站在岔道口上，无论愿不愿意都要面临诸多选择。有选择就有放弃，趋利避害是人的本能，生活中有许多事情是要我们迎难而上、努力拼搏才能取得最后胜利的。但如果目标不对，一味地流汗却只是在做无谓的努力。

第八章 适可而止
——戒太过精明

我们常常说，执著的女人值得赞许，因为她不抛弃、不放弃。然而有时，戒掉才是更好的选择，才是一种大智慧，更是一种勇气。盲目的执著有时只是一种自欺欺人的固执。就好比失业者不肯放弃僵化的择业观念，整日萎靡不振、怨天尤人；失恋之人不肯放弃已经逝去的那段感情，把自己弄得失魂落魄、心灰意冷；赌徒不肯放弃"可能会赢"的侥幸心理，以至于血本无归、倾家荡产。凡此种种，都验证了执著有时是多么要不得。

张岚想自己创业，但一连好几次都失败了。这次的打击更大，她的父母因为自己的惨败而离她而去。

在一个晴朗的早晨，张岚起床，她拿了一根绳子来到树林里准备自杀。对于生活，张岚觉得已经毫无留恋。她走到一棵结实的樱桃树下，想把绳子挂在树枝上，但扔了好几次也没挂上去。张岚沮丧地想：难道老天爷连这种事也不让我成功？

张岚有些生气，于是干脆直接爬上树去。树上挂满了樱桃，看着红透的樱桃，张岚忍不住摘了一颗放进嘴里。真甜啊！于是张岚又摘了一颗。张岚就这样一直吃着，犹如一个馋嘴的小女孩品尝着樱桃的甜美。直到太阳出来，万丈金光洒在树林里，阳光下的树叶随风摇曳，张岚眼里闪烁着细碎的亮点。

忽然，张岚心中莫名升起一股幸福感，她第一次发现林子这么大，美得让人心动。这时有几个上学的孩子来到树下，请张岚摘樱桃给他们吃。张岚对他们微笑，为他们摇动树枝，看他们欢快地在树下捡樱桃，然后蹦蹦跳跳去上学。

望着孩子们远去的背影，张岚突然发现生活中仍然有那么多事值得自己高兴，还有那么多美好的东西等着自己去享受。张岚问自己：我为什么要早早地离开人世呢？我应该享受生活。张岚终于想通了，于是她收起绳子回家。

之后，张岚放弃了创业的想法，而是在一家网络公司找到了工作，每天过得忙碌而充实。

有人说："我以一生的精力去做一件事，十年、二十年……再笨也会成为某一方面的专家。"但是如果这条路不适合你，执著就变成了固执，这对自己是没有任何好处的，浪费了时间和精力，损失了物力和财力，最终也只能落得一场空。

莎士比亚说："倘若没有理智，感情就会把我们弄得精疲力竭，为了制止感情的荒唐，所以才有智慧。"学会估量事情的价值，事情的可行度，才能更好地选择哪些事值得去做，而哪些事应该放下。

一味执著，不肯戒掉，只会占用大量的时间和精力，而让很多真正该做的事情没有做，让真正的梦想失去实现的机会。

不固执，在该戒掉时勇敢戒掉，是明智之举，是顿悟之果。而主动地去戒掉，更是一种坦荡的心境与博大的胸襟，不固执，对感性的女人而言，更是一种勇气和魄力。诚然，永不言弃通常是人们嘉奖的精神，但有时戒掉却是为了更好的明天。

在充满种种诱惑的今时今日，我们要学会舍弃，更要善于戒掉。聪明的戒掉会使我们离幸福更近，而有时固执却会让我们在错误的路上越走越远。因此，该戒掉时就戒掉，为了一棵小树而放弃一片森林，就不是执著，而是固执。适时戒掉，有所坚持有所戒掉，只有这样，我们的内心才能更平衡，不盲目固执，也许才是人生的捷径。

学会戒掉不是不求进取，知难而退也不是一种圆滑的处世哲学。有的东西在你想要得到又得不到时，一味地追求只会给自己带来压力、痛苦和焦虑。这时，学会戒掉是一种解脱。懂得区分事情是否值得去做的人，人生便会悲少喜多。

生命是一列疾驰的火车，沿途有许多美丽的风景值得我们留恋。当你错过了一样东西，当你在一件事情上一次次失败，不必后悔没看到这一段的"风景"，因为转换一下视线，你会发现前方依然会有美丽的风景在等着你。

我们的人生就像繁花，绽放斑斓之时必有终将凋零的烦恼；我们的人生就像红烛，浪漫温馨之际定会留下斑斑泪痕。所以在人生旅途中，我们更不应让自己盲目执著于无谓，沉重而无奈地前行，放下这份固执，去拥有一份好心情，去撷取人间瑰丽的风景吧。

## 痛快地扔掉自己的"情绪包袱"

幸福的女人感到烦恼不愉快时，会去扭转所处的局面。她们知道，要过得顺心愉快，责任在自己。幸福女人不仅善于用"情绪吸尘器"清除掉自己的烦恼念头或悲观情绪，还善于在不利环境中设法发掘出积极因素来。

高情商的女人会接受不可避免的事实，所以，当她们感到沮丧、生气或紧张时，她们不但没有因为感觉不好就对抗这些情绪或感到恐慌，反而平静地接纳了这些情绪，因为他们知道这些终会过去。

对于不幸福的女人而言，往往把周围环境当中每件美中不足的事情放在心上，对周围事情的指责和消极的念头捆住了她们的手脚，使她们很难再去体验幸福和欢乐。她们认为一切事情都要糟下去，而且不自觉地促使自己造成不愉快的局面，使她们的预言实现。

不幸福的女人往往被"情绪包袱"压得喘不过气来。她们总想着过去没解决的问题和矛盾，一讲话便是从前的灾祸、现在的艰难和未来的倒霉。

对于不幸福的女人来说，从来没有一件事情是满意的。当她们终于得到了所向往的东西的时候，她们又不再想要了；如果失去了，她们又一定要找回来。她们不断重复老一套消极泄气的想法，把不幸和烦恼作为生活的主题。即便在平安无事、一切顺利的时候，也习惯于只琢磨生活当中消极泄气的事情。她们觉得不幸和气愤的时间太多。她们总是喜欢喋喋不休地发表消极泄气的言论。她们说泄气话，指手画脚，令人难堪，使别人同她们疏远起来。

马太·亨利是一个非常有名的宗教家，有一天，他在传教的路上遇到了一伙强盗，被洗劫一空。

这一天，他在日记中写道：

真的要感谢上帝，我真的是太幸运了。

我在此之前竟然从没有遇到过类似不幸的事情。

强盗只是抢走了我的钱，我的生命安然无恙。

况且他们并没有抢去我所有的财产。

是他们抢我的钱，而不是我抢他们的钱。

在被抢之后能想出这么多自我安慰的理由，亨利真不愧是一个情绪转向的高手，亨利的心情自然不会受到这次遭遇的影响了。

不幸福的女人常常由于似乎难以解决的难题而挫伤情绪，失去活力，陷于失望，无所作为。在遇到麻烦和苦恼的时候，她们往往把精力用在责怪、发牢骚和抱怨上。

不幸福的女人说许多带"不"字的话，例如不能如何、不要如何、不应该如何等。她们最常用的形容词是糟糕、讨厌、可怕和自私。她们总是没完没了地指责别人。

而幸福的女人往往为自己四周的美好事物和自然的奇迹感到欢愉。她们对鲜花含苞待放、雨后空气清新之类的小事也欣赏喜爱。

愉快乐观的态度是幸福女人关键性的品质之一。她们把自己的思想和谈吐引导为振奋鼓劲的念头和看法。

幸福女人体验得到现实存在的美好事物。她们把过去当成借鉴参考的资料库，把未来看成充满无限希望、欢乐和诱人的仙界。幸福女人看重她们所具备的愉快而有价值的条件，想出有创造性的办法去争取达到想要达到的其他目标。幸福女人能够迅速解决问题，把处境当中的消极方面缩小到最小程度，并且找出积极的因素来。她们致力于在所处的环境中发现求得发展和学习的机会。

成功的女人喜欢同别人交往，不论自己有所收获还是对别人有所帮助，都喜形于色。她们对参与了的活动都从好的方面加以评讲谈论，同别人相处的情景也很热情。即使处于严峻的环境与灾祸之中，成功的女人也会发掘出积极因素，鼓起勇气向前跨步，使情况有所改善。

黑暗的心情，会在心底播下不良的种子，所以只有不良的作用反复地传达下来。因此，我们要尽量以明朗的心情来努力。只靠明朗的心情努力是不够的，还需要一边努力并一边有"我要做给你看"、"我很想做"、"我一定要做"的思想才行。希望和努力能够为你打开一条敞亮而通达的道路。

努力而无法成功的人也很多，原因之一是他们从不抱着"我一定要做给你看"、"我一定要成功"的心情去努力。

本来被你认为"那么厚重，大概没办法打破"的一道墙，总有一天会在你眼前突然崩溃下来的。

轻松愉快的情绪究竟是证明了女人的幸福和不幸，还是只意味着有一个良好的心情？其实女人的感觉既决定不了人的价值，也决定不了女人的思想和行为。有些女人是积极主动、充满活力的，还有些女人则是懦弱的。不过只要本人愿做努力，其不足之处是可以补偿的。

当你被厌烦、自责等灰色的情绪包围时，请记住三个关键的步骤，它会帮助你扫清情绪天空的阴云，重新恢复明朗与灿烂。

找出那些消极的思想，不要让它们老是盘旋在你的脑海里，要把它们写在纸上。

客观地看待事实，分析你每一个消极思想的谬误，准确地了解并揭穿你对事实的歪曲，把正确的客观的思想也写在纸上。

以你合理的思想取代消极情绪，只要你这样做了，你的情绪就会开始好转。一旦树立了自信心，你的无价值感、你的忧郁都会消失，你的幸福感也提高了一大步。

哲学家普罗斯特说过："真正的发现之旅，并不一定在于寻求新的景观，还在于拥有新的眼光。"只要你具有新的眼光，世界就会变得不一样，这样情绪的转向就并非难事了。

假使现在遭遇厄运，也应该持有"过去已成过去，一定会变好"的心情。如此，就会在心底播种希望好的种子，并且由于这样的作用，环境或条件就会慢慢地变好。

# 第九章
# 话说到位——戒失去亲和力

　　一个冷冰冰的总是拒人于千里之外的美人是不受欢迎的,亲和力胜过一切的美貌!具有亲和力的女人在与人谈话时总是用友善的口吻,脸上也总是保持着微笑,这样能有效消除人与人之间的隔膜,拉近彼此间的距离。在人际交往中,具有亲和力的女人不俗不媚、宽容随和、通情达理,无论何时何地都是广受欢迎的。即便是批评,有了亲和力,也会更容易让人接受。因此,女人在说话到位的前提下,千万不要失去亲和力。

# 任何情况下，背后不说他人是非

　　喜欢闲聊是女人的天性，诸如衣服、品牌、化妆品、男人……谁谈恋爱了，谁和男朋友分手了，谁和老板的关系可能不正常了，谁考试没过关了，谁给上司送礼了……不要以为你说了不会有人知道，不要以为身边的人都是朋友，可能你上午说完，下午别人就知道了，而你就在毫不知情中却把人得罪了。

　　职场的人际关系复杂，女性朋友们为了保住自己的地位和名誉，什么都不要尝试，因为你不敢保证自己哪句毫无恶意的话会被别人捕风捉影地到处传播出来，那样即使你有一百张嘴恐怕也说不清了——得罪了人不说，还有可能从此受到排挤。试想一下，你身边的人天天给你穿小鞋，有几个人能承受得住？

　　Linda 在上班路上遇到部门公认的美女主管阿美，看到她从一辆豪华轿车上下来，两人寒暄了几句。回到办公室，女孩子们正在聊天，"Linda，以后少和那个阿美接触，听人说她在外面被人包养了。""难怪，我看到她从一辆豪华轿车上下来。"办公室里一下炸锅了，一传十，十传百，下午开会阿美看她的眼神都不对了。以后处处都找 Linda 的麻烦，原来全公司都在传阿美被人包养，而且还有人亲眼见到了，而那个人自然是无意之中多嘴的 Linda 了。此时的Linda 有嘴也说不清了，只得找了个借口递了辞呈。

# 能不吵时，尽量忍

有些女人在争吵的时候都不肯先低头，无论是与男人还是与女人，仿佛争吵不胜是女人最丢人的事情，尤其是同性，这或许就是同性相斥的最好解释吧！对于与异性的争吵而言，其实在很多时候明明心里已经原谅对方了，只是不肯先认错、低头罢了。

争吵并不是解决问题的唯一方法，许多时候的争吵往往都是源于小事的，然而正是因为这些小事却造成了许多无法挽回的错误。

当然，争吵也是沟通的一种方式，尤其是在职场上，往往好的建议与正确的决定就是在争吵、辩论中得到的，但关键是看女性们如何对待这样的争吵和辩论的态度和心态了。

除了为了工作而争吵之外，在工作过程中与同事接触时，女性也应该注意自己的言行，能忍则忍，时刻记住：吃亏就是占便宜，不能因为逞一时的口舌之快而损毁了你在同事和领导心中的形象。要知道，此时的忍让并不会让人觉得你软弱、好欺负，大家反而会觉得你这个人有涵养，大度，不斤斤计较，无形中也提高了你的人气。

但是真拿吵架当回事的女人会很有体会——吵架真的很伤感情，它甚至还会让人气得脸色发白，血压升高甚至吃不下饭，心浮气躁、劳神伤身。

慢慢你就会发现，许多争吵都是无意义的，和睦、和谐才是幸福的。多用一些客气的口头用语，相信在很多情况下都会出现一个

第九章　话说到位
——戒失去亲和力

巴掌拍不响的局面的。总之，架还是少吵为妙，毕竟人在气头上，难免会做一些不智的举动，说一些伤人的话。

尽管雨过天晴后看似一片蓝天，其实彼此的伤害仍然在心中久久无法抹去。所以，能忍则忍，伤人的话能不说就不说，和朋友、同事在一起应该以"和"为贵，以"退一步海阔天空"为行动准则，毕竟大家抬头不见低头见，倘若吵得不可开交日后是很难相处的。

聪明的女人应该在一些容易被激怒的情形下，保持自己的风度"以退为进"让别人看到一个聪慧大度的你。

# 幽默的女性更可爱

幽默是一种特殊的情绪表现，而且不仅仅是男人的专利，女人也要在社交场合中经常运用它。

幽默可以让你在面临困境时减轻精神和心理压力。俄国文学家契诃夫说过："不懂得开玩笑的人，是没有希望的人。"可见，生活中的每个人都应当学会幽默。

人人都喜欢与机智风趣、谈吐幽默的人交往，而不愿同动辄与人争吵，或者郁郁寡欢、言语乏味的人来往。幽默，可以说是一块磁铁，以此吸引着大家；也可以说是一种润滑剂，使烦恼变为欢畅，使痛苦变成愉快，将尴尬转为融洽。

其实，在社会中我们不难发现：男性一般都能够将幽默和欢乐带给身边的每一个人，而女人在这点上就较之男人们就稍有逊色了，所以培养自己的幽默感也是交际中女人值得注意的地方。

美国作家马克·吐温机智幽默。有一次他去某小城，临行前别人告诉他，那里的蚊子特别厉害。到了那个小城，正当他在旅店登记房间时，一只蚊子正好在马克·吐温眼前盘旋，这使得职员不胜尴尬。马克·温却满不在乎地对职员说："贵地蚊子比传说不知聪明多少倍，它竟会预先看好我的房间号码，以便夜晚光顾、饱餐一顿。"大家听了不禁哈哈大笑。

结果，这一夜马克·吐温睡得十分香甜。原来，旅馆全体职员一齐出动，驱赶蚊子，不让这位博得众人喜爱的作家被"聪明的蚊子"叮咬。幽默，不仅使马克·吐温拥有一群诚挚的朋友，而且也因此得到陌生人的"特别关照"。

现实生活中有不少人善于运用幽默的语言行为来处理各种关系，化解矛盾，消除敌对情绪。他们把幽默作为一种无形的保护阀，使自己在面对尴尬的场面时，能免受紧张、不安、恐惧、烦恼的侵害。幽默的语言可以解除困窘，营造出融洽的气氛。

德国空军将领乌戴特将军患有谢顶之疾。在一次宴会上，一位年轻的士兵不慎将酒泼洒到了将军头上，顿时全场鸦雀无声，士兵惊骇而立，不知所措。

倒是这位将军打破了僵局，他拍着士兵的肩膀说："兄弟，你以为这种治疗会有作用吗？"全场顿时爆发出笑声。人们心中紧绷得弦松弛了下来，而将军的大度和幽默博得了人们的尊敬与爱戴。

幽默是人际交往的润滑剂，善于理解幽默的人，容易喜欢别人；善于表达幽默的人，容易被他人喜欢。幽默的人易与人保持和睦的关系。

长今的养父姜德久诙谐幽默，是《大长今》中最搞笑的角色，插科打诨妙趣横生。

尚膳大人向德久调查元子中毒事件并将德久关在大牢里，长今和韩尚宫来看他。

长今："大叔这是怎么回事？"

德久："这是阴谋。除了我还有很多待令熟手，他们嫉妒皇上太宠爱我，所以一定是他们在我做的饮食里面加了不该加的东西。"

长今："当时也有其他熟手在场？"

德久嘿嘿一笑："没有。"

韩尚宫："都什么时候了，你还开玩笑？"

德久："娘娘，一定是我吓坏了才会说出这样的话。当时娘娘您也尝过小的熬炖过的全鸭汤，没有任何的问题，按照拔记煮的，所用的食材只有鸭子和冬虫夏草而已。元子大人用过之后怎么会昏倒呢？为什么呢？会不会是脚步没踩稳，一下跌倒了呢？"

幽默可以松弛紧张的情绪，也可以自我解嘲。现实生活中常常不乏令人碰得头破血流仍然得不到解决的问题，但是，如果来点幽默，却往往会迎刃而解，使矛盾化干戈为玉帛。

小王和小李都是刚进公司的女青年，小王直来直去，容易冲动，小李则比较沉稳，具有幽默感。一次，两人工作中发生了摩擦，小王怒气冲冲地将小李拉到外面的走廊里，要找个时间选个地方跟小李吵一架。

小李说："吵架我可不怕你。不过，时间、地点由我决定。"

小王同意了。

小李说："时间就是现在，地点就在走廊里，武器用空气。"

小王一愣，然后哈哈大笑，她要做的只有挠小李的胳肢窝了。

幽默就具有如此神奇的力量，能给你带来很多意想不到的好处。幽默不仅能使你成为一个受欢迎的人，使别人乐意与你接触，愿意与你共事，它还是你工作的润滑剂，促使你更好更快乐地完成工作。这往往是采用别的方法所不能达到的，也是成本最低的一种方法。

如果你能够恰如其分地把你的聪明机智运用到智慧的幽默中来，使别人和自己都享受快乐，那么，你就会得到更多喜欢你、钦佩你的人，会获得更多支持和关心你的朋友。幽默要想能够打动人，那就要得体，下面就是给女性朋友的几条建议：

轻松应对

你首先要做的是放松。如果你付诸了行动，没有人会对你表示不满，况且你要面对的也不是改变命运的考验。你只不过是想给自己的生活和言谈增姿添彩，使自己显得更为随和。因此不要给自己太大压力。

不要较真

减轻生活和自我的压力，要习惯于对事情持保留态度。遇事要看到积极的一面。

你会发现，在大多数情况下，即使是接到 200 元的违停或超速行驶的罚单或踩在香蕉皮上滑了一跤也可以为你带来幽默的谈资——秘诀是你能发现这些事情中的乐趣，并敢于自我解嘲。

做"流行文化通"

如果你没有一些参考资料或素材，那你不可能有幽默感。你的知识面越宽，你说的话就越风趣。

例如，如果你对《阿森家族》（美国著名的动画片）一无所知，那么你就不可能有一番"霍默"风格的品头论足。因此你了解的电影、电视、音乐和各种流行文化越多，你的幽默感就可能越强。扩展自己的视野并关注时事热点，你会惊奇的发现有那么多幽默素材会不期而至。

独树一帜

不要模仿电影演员或喜剧演员的一个原因是，那些谈话风格不一定适合你。如果你不擅冷嘲热讽或愤世嫉俗，那你很难模仿像《老友记》中的大卫·莱特曼或钱德勒这样的人物。如果你比较文静温柔，那你几乎学不来罗宾·威廉斯或者金·凯瑞的幽默。

从他人的幽默中你能收获不小，但你必须将自己的幽默特点与自身的风格和个性相协调——这对你反而更容易，而且听起来较为真实，因为你不必费尽心机去"演戏"。

选择适宜的表达和时间

幽默不仅仅是大开玩笑，它取决于你谈话的习惯，看待事物的态度，如何表现自己以及说话时的腔调和姿态。言谈要生动活泼，这样你就能使所有的故事变得趣味盎然。

与他人进行目光交流，自信地发表意见，这样每个人都想倾听你的故事。另一方面，如果你的幽默较为隐晦，具有讽刺性，那就扮演一下那一角色，并用一种平淡的语调来说话。你的表达技巧需与你的幽默保持一致，如果时机不当，那么你会弄砸了整个玩笑的。

要有创意

具有幽默感不仅仅是翻来覆去的炒"旧饭"。如果你将一些流传多年的笑话改头换面，旧调重弹，人们会觉得你是傻子，这不是一个富于幽默感的人会做的事。幽默最好是在谈话或讨论时融入一些独到和发自内心的见解。

不惧失败

你的目标并不是要哄堂大笑，而且任何一个优秀的喜剧演员偶尔也会砸场。因此不要担心没有人喜欢你的幽默——要么视而不见，要么一笑置之，并且不论你做什么，不要扎进"玩笑堆"里，费尽心机去逗乐每一个人——你不必如此。

做一个懂得幽默的女人，同时也是有情调的女人。幽默不仅仅在社交中，生活中一样可以提高你的人气。

# 言谈举止"放大"你的形象

言谈举止是一个人精神面貌的体现，要开朗、热情，让人感觉随和亲切，平易近人，容易接触。

很多人在社交中总担心没有出众的言谈来打动大家，吸引别人的注意，以致造成精神上的紧张，使表情、动作都变得十分僵硬，这都是自尊心太强造成的。因此，应先放松心情，保持自己的既有特点，而不要故意矫揉造作。

有的人在亮相时昂首阔步、气势逼人，在跟别人握手时要像钳子般有力，跟人谈话时死死盯住对方……这样故作姿态，不仅会令别人感觉难受，连你自己也觉得别扭。其实最好的办法是保持你原有的个性和特质。

在交际场合，可以适当地增加一些幽默感，以便迅速打开交际局面，使气氛轻松、活跃、融洽。与人交谈时要大方得体，说话不卑不亢，谈吐清晰，表达意思明确。接受对方的邀请时要微笑，此外，拒绝对方的要求或进行一种善意的批评时也要讲究方法，可以发挥一下你的幽默感，既可以保留对方的面子，又可以让你巧妙地远离尴尬的境地。

女性为了打破社交中冷场的局面，平时应多积攒一些妙趣横生的幽默故事，可以及时拿出来救场。社交中最忌讳的就是一言不发，一副拒人于千里之外的样子，你的内向只会让人觉得很为难，但也不要像个交际花一样飘来飘去，轻佻地和人调侃。

时刻注意自己的言谈举止，它能够泄露你的思想，其中的"度"就要靠你自己去把握了。

# 切莫信口开河伤及他人自尊

一个女人的处世交际能力的水平完全可以从她的谈话中体现出来。如果你在这方面有所欠缺，最好是少开口为妙，说了他人不爱听的话等于白费口舌，自讨没趣，再一不小心伤了他人的自尊，那麻烦就更大了。

古人所谓"片言之误，可以启万口之讥。"所以，一般初入世的年轻女人，说话宜少不宜多，宜小心不宜大意，要出口以前，先得想想，替听你话的人想，他愿意听的话，才出之于口，他不愿听的话，还是不说为妙。所谓不愿意听的话，也有种种。老生常谈，他是不愿意听的，一说再说，耳熟能详，他是不愿意听的，与他的心境相反，他是不愿意听，与他主张相反，他是不愿听的，与他毫无关系，他是不愿意听的，与他利害冲突，他是不愿意听的，与他的程度不同，他是不愿意听的，有关他的创痕，他也是不愿意听的，有关他的隐私，他更是不愿意听，然而最不愿意听的，该算是尖锐锋利、伤及他自尊的话了。

　　说话所起的反应，可有几种，第一种是有隽永之味，第二种是有甜蜜之味，第三种是有辛辣之味，第四种是有爽脆之味，第五种是有新奇之味，第六种是有苦涩之味，第七种是有寒酸之味，而最坏的反应，则是创痛之味。谈言中，令人回味，对方自然产生隽永的反应，热情洋溢，句句打入心坎，对方自然产生甜蜜的反应，激昂慷慨，言众人所不敢言，对方自然产生辛辣的反应，知无不言，言无不尽，对方自然产生爽脆的反应，"以反人为实"，"好为无端涯之言"，对方自然产生新奇的反应，陈义晦塞，言辞拙讷，对方自然生苦涩的反应，一味诉苦，到处乞怜，对方自然产生寒酸的反应，好放冷箭，伤人为快，伤人越甚，越以为快，对方自然产生创痛的反应，能得隽永反应者为上，能得甜蜜反应者为次，能得爽脆反应者又次，能得辛辣反应者再次，得到新奇的反应，苦涩的反应，寒酸的反应的话都是下等，而得到创痛反应的话，就更是大反人情了。

　　但是说尖刻话的女人，未尝不自知其伤人，而乃以伤人为快，这是什么道理？这完全是心理的病态，而心理之所以有此病态，也自有其根源，是后天性的，不是先天性的。换句话，这是环境逼她走入歧途。

　　如果你的身上有这样的毛病，你一定明白这种病的危险，不去医好，结果必是众叛亲离，不要说在社会上，只有失败不会成功，即使在家庭，亲如父兄妻子，也无法水乳交融。不过父兄妻子，关系太密切，即使无法容忍，仍会宽容以待，社会上的人，就绝不会对你这么宽厚。必以眼还眼，以牙还牙，总有一天，你会成为大众的箭靶子。所以说话尖刻，足以伤人情，伤人情的最后结果，却是伤了自己。

人都有不平之气，对方的说话，你觉得不入耳，不妨充耳不闻，对方的行为，你觉得不顺眼，不妨视而不见，何必过分认真，定要报以尖刻的话，伤及他人自尊。

# 话切莫说绝

我们在与人交谈中，千万不要把话说得过于绝对。举一个简单的例子，比如人家问你"乌鸦是什么颜色的啊？"

你千万别望文生义，或者凭借见过几只黑鸟的有限经验而武断地回答："乌鸦嘛，绝对是黑色的！"而聪明的女人则会这样回答："天下乌鸦一般黑！"

假如人家大白天里看到灰色的，棕色的甚至白色的乌鸦了，跑来反驳你。"瞧，你看，你看，这乌鸦不是黑色的！你还有什么好说的！"

你仍然可以脸不红心不跳地，笑嘻嘻地说："老兄千万别断章取义，我说的是天下的乌鸦一般是黑的。'天下乌鸦一般黑'嘛。您这是找到特例了呀。"

如此，保管你立于不败之地。这不是抵赖，这是含糊说话的技巧所在。任何时候都不要把话说绝了，所谓"话到嘴边留三分"，说话要留有余地，不能把话说死，才能进退自如。

某地一家国有企业曾经有一批"请调大军"，对此，新来的女厂长并没有大惊小怪，更没有埋怨指责，面对几百名"请调大军"，她发出肺腑之言："咱们厂是有很多困难，我也怵头。但领导让我来，我想试一试，希望大家给我半年时间，如果半年后咱厂还是那个样，我辞职，咱们一块走！"

这些话语没有高调，朴实无华，既是人格的表现，又是模糊语言的恰当运用。女厂长没有坚定地表示决心，而是"我也怵头"；她没有把话说绝，而是"我想试一试"；她没有正面阻止调动，而恰恰相反，"如果半年后，咱厂还是那个样，我辞职，咱们一块走"。然而，谁也不会相信，这是一个来"试一试就走"的女厂长。相反，人们正是从她那入情入理、心底坦荡的语言中感到了力量，看到了希望。结果，这个工厂像是一个得了狂躁病的人吃了镇静剂那样恢复了平静，一心要干下去的人增强了信心，失去了信心的人振作了精神。模糊语言在这里发挥了神奇的作用。

模糊的语言一语双关，含不尽之意在语言外，在这种场合，成了沟通思想而又不致引起矛盾的特殊方法。我们在平时的交际中，常常用"如果时间允许"来回答朋友们热情的邀请，"如果时间允许"，就是模糊语言，它既显得彬彬有礼、十分中肯，又给我们自己创造了一个宽松的语言环境。试想若用"不能去"或"马上就去"等非常确定的语言来回答，其效果都不会理想。直接拒绝说"不能去"有点不尽情谊，说"马上就去"可是事后没时间去失约又会影响感情。这就是外交上经常会用到的技巧"弹性外交"策略，用到平时的交际中也是非常好的交际方式。

在谈话时，我们要端正思维方式，冲破传统的、习惯的"非此即彼"的思维约束，寻求两个对立极端的中间状态，使其真正与现实问题相吻合。彻底抛弃"非对即错"、"非社即资"、"非黑即白"等长期困扰我们的违反辩证法的极端观念。

一位伟人曾针对这种"绝对分明的和固定不变的界限"提出："除了'非此即彼'，又在适当的地方承认'亦此亦彼'！"这位伟人的意思也是要我们学会含糊说话，不要轻易说出绝对的话，因为话说出口之后是很难收回的。

所以说言谈不可把话说绝，这是一种为人处世的高明的策略。要做到这一点其实也不难，这里面有个技巧，就是妙用含糊措辞。

含糊措辞是运用不确定的或不精确的语言进行交际的方法。在公关语言中运用适当的含糊，这是一种必不可少的艺术。办事需要语言的模糊性，这听起来似乎是很奇怪的。但是，假如我们通过约定的方法完全消除了语言的模糊性，那么，就会使我们的语言变得十分贫乏，使它的交际和表达的作用受到限制。

例如：一位女经理在给员工作报告时说："我们企业内绝大多数的青年是好学、要求上进的。"这里的"绝大多数"是一个尽量接近被反映对象的模糊判断，是主观对客观的一种认识，而这种认识往往带来很大的模糊性。因此，用含糊语言"绝大多数"比用精确的数学形式的适应性强。即使在严肃的对外关系中，也需要含糊语言，如"由于众所周知的原因"，"不受欢迎的人"，等等。究竟是什么原因，为什么不受欢迎，其具体内容，不受欢迎的程度，均是模糊的。

平时，你要求别人到办公室找一个他所不认识的人，你只需要用模糊语言说明那个人矮个儿、瘦瘦的、高鼻梁、大耳朵，便不难找到了。倘若你具体地说出他的身高、腰围精确尺寸，倒反而很难找到这个人。因此，我们必须至少在办事说话时放弃这样一种观念："较准确"总是较好的。

关于含糊这个问题，我们经过大量的实践和总结，得出了以下两个含糊措辞法，大家不妨在实际生活和工作当中运用一下，或许会对你有所帮助。

（1）宽泛式含糊法

宽泛式含糊法，是用含义宽泛、富有弹性的语言传递主要信息的方法。

（2）回避式含糊法

回避式含糊法，是根据某种场合的需要，巧妙地避开确指性内容的方法。

在涉外接待活动时，每当与外宾交谈会话中，遇到"难点"就应巧妙回避转移。

不管怎样，含糊的措辞也是实际表达中需要的，常用于不必要、不可能或不便于把话说得太实太绝的情况，这时就要求助于表意上具有"弹性"的委婉、含糊措辞，一方面是为了给自己留条后路，另一方面，这也是避祸、解围屡试不爽的绝招。

第九章 话说到位
——戒失去亲和力

# 避免争论是在争论中获胜的唯一秘诀

被尊为圣贤的老子曾说过这样一句话"不争而善胜",通俗地讲,就是避免争论是在争论中获胜的唯一秘诀。当然,这并不是主张唯唯诺诺、低三下四,在有的时候、有些场合,一个人应该为自己确信的真理和主张去和反对者争论,辨别是非。这种争论,有时还会发展到很激烈的程度。

但是,在一般交谈的场合,却要极力避免和别人争论,因为交谈的主要目的是促进彼此的了解,增进双方的友谊,是一种社交性的活动,一争论起来就很容易伤感情,和原来的目的背道而驰了。尤其是作为女人,为了一些不痛不痒的小问题,就与人争得面红耳赤,毕竟是一件有失大雅的事。

如果要做到既不必随声附和别人的意见,又避免和别人争论,究竟有没有两全的办法呢?

答案是肯定的。

(1)尽量了解别人的观点。在许多场合,争论的发生多半由于大家只看重自己这方面的理由,而对别人的看法没有好好地去研究,去了解。如果我们能够从对方的立脚点去看事情,尝试着去了解对方的观点,认识到为什么他会这样说,这样想。这样,一方面使我们自己看事情的时候会比较全面;另一方面也可以看到对方的看法也有他的理由。即使你仍然不同意他的看法,但也不至于完全抹杀他的理由，那么自己的态度就可以比较客观一点，自己的主张就可以公允一点，发生争论的可能性就比较的少了。

同时，如果你能把握住对方的观点，并用它来说明你的意见，那么，对方就容易接受得多，而你对其观点的批评也会中肯得多。而且，他一旦知道你肯细心地体会他的真意，他对你的印象就会比较好，他也会尝试着，去了解你的看法。

（2）对方的言论，你所同意的部分，尽量先加以肯定，并且向对方明确地表示出来。一般人常犯的错误就是过分强调双方观点的差异，而忽视了可以相通之处。所以，我们常常看到双方为了一个枝节上的小差别争论得非常激烈，好像彼此的主张没有丝毫相同之处似的，这实在是一件不智之举，不但浪费许多不必要的精力与时间，而且使双方的观点更难沟通，更难得到一致的或相近的结论。

解决的办法是，先强调双方观点相同或近似的地方，在此基础上，再进一步去求同存异。我们的目的是在交谈中使双方的观点更接近，双方的了解更深。

即使你所同意的仅是对方言论中的一部分或一小部分，只要你肯坦诚的指出，也会因此营造比较融洽的交谈气氛，而这种气氛，是能够帮助交谈发展，增进双方的了解的。

（3）双方发生意见分歧时，你要尽量保持冷静。通常，争论多半是双方共同引起的，你一言我一语，互相刺激，互相影响，结果就火气越来越大，情感激动，头脑也不清醒了。如果有一方能够始终保持清醒的头脑和平静的情绪，那么，就不至于争吵起来。

但也有的时候，你会遇见一些非常喜欢跟别人争论的人，尤其是他们横蛮的态度和无理的言词常常使一个脾气很好的人都会失去忍耐。在这种时候，你仍然能够不慌不忙，不急不躁，不气不恼的，

第九章　话说到位——戒失去亲和力

243

将会使你可以能够跟那些最不容易合作的人好好地进行有益的交谈。

(4) 永远准备承认自己的错误。坚持错误是容易引起争论的原因之一。只要有一方在发现自己的错误时，立即加以承认，那么，任何争论都容易解决，而大家在一起互相讨论，也将是一桩非常令人愉快的事情。在我们谈话的时候，我们不能对别人要求太高，但却不妨以身作则，发现自己有错误的时候，就立刻爽快地加以承认。这种行为，这种风度，不但给予别人很好的印象，而且还会把谈话与讨论带着向前跨进一大步，使双方在一种愉快的心情之中交换意见与研究问题。

(5) 不要直接指出别人的错误。老一辈的人常常规劝我们不要指出别人的错误，说这样做会得罪人，是非常不智的。然而，如果在讨论问题的时候，不去把别人的错误指出来，岂不是使交谈变成一种虚伪做作的行为了吗？那么，意见的讨论，思想的交流，岂不是都成为根本没有必要的行为了吗？

然而，指出别人的错误的确是一件困难的事，不但会打击他的自尊和自信，而且还会妨碍交谈的进行，影响双方的友情。

那么，究竟有没有两全之道呢？

你可以尝试用以下的方法：

首先，你不必直接指出对方的错误，但却要设法使对方发现自己的错误。

在日常生活中，大家交谈的时候，并不是每一个人都能够始终保持清醒的头脑和平静的情绪，有许多人都有一种感情用事的毛病。即使那些自己很愿意跟别人心平气和地讨论问题的人，有时也不免受自己的情绪支配，在自己的思考与推论中，掺进一些不合理的成分。如果你把这些成分直截了当地指出来，往往使对方的思想一时转不过来，或是情绪上受了影响，感到懊恼异常。或者引起他的恶意的反攻，或者使他尽力维护他的弱点，这都是对交谈的进行十分不利的。

但如果在发现对方推论错误的时候，你把你交谈的速度放慢，用一种商讨的温和的语调陈述你自己的看法，使他能够自己发现你的推论更有道理。在这种情形下，他也就比较容易改变他的看法。

很多人都有这种认识：一个人免不了会看错事情，想错事情，假使他们能够自己发觉错误所在，他们就会自动地加以纠正。但是如果被人不客气地当众指出来，他们就要尽力去掩饰，尽力去否认，尽力去争执，因此为了避免使他们情绪激动，我们就不去直接批评他的错误，不必逼他当着众人的面说："我错了，"或者"我全错了"。有的人一看到别人犯了一点错误，就要把它死盯住不放，还加以宣扬，自鸣得意地让对方为难，这是一种幼稚的举动，是一种幸灾乐祸的态度，不是一种对人友好，与人为善的做法。

最后，我们要改变一个人的看法和主张，并不是一朝一夕就可以成功的。所以我们不但不要心急地去使别人接受我们意见，反而更要争取长期和别人互相交谈的机会，让我们从心平气和的讨论中，逐渐把正确的真理，传播到朋友们的心中脑中。

第九章
——戒失去亲和力
话说到位

# 含蓄一点委婉一点

男人如果直来直去，人们会说他豪爽，但如果一个女人也像男人一样直来直去，那人们多半不会认同和接受。女人以温柔见长，在为人处世方面要含蓄、委婉一些，才能留给别人一个好印象。这在很大程度上涉及到语言的委婉性、得体性问题。以此为基点，一个女人如果能运用适当的语言表达手段，不仅能在社交中树立起谦逊成熟的形象和良好的修养，还有利于彼此的交流和交往目的的达成。

有这样一则故事，北京有一家新开的理发店，门前贴着一副对联："磨刀以待，问天下头颅几许；及锋而试，看老夫手段如何！"这看似气势恢弘的对联，内容上却是磨刀霍霍、令人胆寒，结果吓跑了不少顾客，这家理发店也自然是门可罗雀。而另一家理发店的对联就以含蓄见长："相逢尽是弹冠客，此去应无搔首人"，上联取"弹冠相庆"之典故，含有准备做官之意，符合理发人进门脱帽弹冠之情形；下联意即人人中意、心情舒畅。此联语意婉转，结果这家理发店生意兴隆。不难看出，书面语言的委婉含蓄有其长处，口头语言也是这样。

英国思想家培根曾说过："交谈时的含蓄和得体，比口若悬河更可贵。"在言谈中，有驾驭语言功力的人，总会自如地运用多种表达方式并不断探索各种语言风格。虽然有些话非直言不讳不行，但生活中并非处处都能"直"，有时还非得含蓄、委婉些，使其表达效果更佳。"球王"贝利在绿茵场上的超凡技艺不仅令万千观众心醉，而且常使场上对手叫绝。尽管他不知踢过多少好球，但当他创造进球数满一千纪录后，有人问他："您哪个球踢得最好？"贝利笑笑回答："下一个。"无独有偶，巴黎的大铁塔可谓举世闻名，可是它的设计者——艾菲尔，却一度鲜为人知，他曾用微妙的俏皮话表达他难以形容的心情："我真嫉妒铁塔。"一句婉言，包容了万语千言。

在相当多的情况下，委婉还是说服别人或促使听者反省自察的"温柔"武器。有一次，居里夫人过生日，丈夫彼埃尔用一年的积蓄买了一件名贵的大衣，作为生日礼物送给爱妻。当她看到丈夫手中的大衣时爱怨交集，她既想要感激丈夫对自己的爱，也想要说明不该买这样贵重的礼物，因为那时试验正缺钱。于是，她婉言道："亲爱的，谢谢你，谢谢你，这件大衣确实谁见了都是喜欢的，但是我要说，幸福是内涵的，比如说，你送我一束鲜花祝贺生日，对我们来说就好得多。只要我们永远一起生活、战斗，比你送我任何贵重物品都要珍贵。"这一席话使丈夫认识到自己花那么多钱买礼物确实欠妥当。

说到这里，我们可以得出这样一个定义：委婉的言谈技巧就是运用迂回曲折的含蓄语言表达本意的方法。在日常交际中，总会有一些人们不便、不忍，或者语境不允许直说的话题，需要把"词锋"隐遁，或把"棱角"磨圆一些，使语意软化，便于听者接受。说话人故意说些与本意相关或相似的事物，来烘托本来要直说的意思。

委婉的言谈技巧是办事说话时的一种"缓冲"方法。委婉能使本来也许是困难的交往，变得顺利起来，让听者在比较舒坦的氛围中接受信息。因此，有人称"委婉"是办事语言中的"软化"艺术。例如巧用语气助词，把"你这样做不好！"改成"你这样做不好吧。"也可灵活使用否定词，把"我认为你不对！"改成"我不认为你是对的。" 还可以用和缓的推托，把"我不同意！"改成"目前，恐怕很难办到。"这些，都能起到"软化"效果。

具体地说，委婉的言谈技巧有以下几种形式：

（1）讳饰式委婉法

讳饰式委婉法，是用委婉的词语表示不便直说或使人感到难堪的方法。

有时，即使动机好，如果语言不加讳饰，也容易招人反感。比如：售票员说："请哪位同志给这位'大肚皮'让个座位。"尽管有人让出了座位，但孕妇却没有坐，"大肚皮"这一称呼，使她难堪。如果这句话换成："为了祖国的下一代，请哪位热心人，给这位'有喜'的妇女大姐让个座位。"当有人让出座位时，这位孕妇就会表示对售票员感谢，并愉快地坐下。

（2）借用式委婉法

借用式委婉法，是借用一事物或其他事物的特征来代替对事物实质问题直接回答的方法。例如：

在纽约国际笔会第四十八届年会上，有人问中国代表陆文夫："陆先生，您对性文学怎么看？"陆文夫说："西方朋友接受一盒礼品时，往往当着别人的面就打开来看。而中国人恰恰相反，一般都要等客人离开以后才打开盒子。"

陆文夫用一个生动的借喻，对一个敏感棘手的难题，婉转地表明了自己的观点——中西不同的文化差异也体现在文学作品的民族性上。以上例子，实际上是对问者的一种委婉的拒绝，其效果是使问话者不至于尴尬难堪，使交往继续进行。

（3）曲语式委婉法

曲语式委婉法，是用曲折含蓄的语言和商洽的语气表达自己看法的方法。例如：

《人到中年》的作者谌容访美。在某大学作讲演时，有人问："听说您至今还不是中共党员，请问您对中国共产党的私人感情如何？"谌容说："你的情报很准确，我确实还不是中国共产党党员。但是我的丈夫是个老共产党员，而我同他共同生活了几十年尚无离婚的迹象，可见……"

谌容先不直言以告，而是以"能与老共产党员的丈夫和睦生活几十年"来间接表达自己与中国共产党的深厚感情。有时，曲语式委婉法比直接表达更有力，这种曲语式的委婉用语，真是利舌胜利剑。

总而言之，委婉是一种极为高明的修辞手法，即在讲话时不直陈本意，而是用委婉之词加以烘托或暗示，对于这样的语言越是揣摩，似乎含义也越深越多，因而也就越具有吸引力和感染力。有时，人们用故意游移其词的手法，既不违背语言规范，又会给人以风趣之感。比如：有人在谈及某人相貌丑陋时说"长得困难点"，在谈到对一件事、一个人有不满情绪时，说对此人此事有点不"感冒"等，都能曲折地表达事情的本意。

## 说话莫野蛮，做个淑女

一般情况下，对于一个初次见面的人，人们大多习惯从言谈中去了解他是一个什么样的人。一个女人，要想给人留下一个美好深刻的第一印象，掌握淑女式的言谈技巧是很有必要的，毕竟，"淑女"作为女人做人的一种境界，是没有几个男人可以拒绝的。

（1）淑女动人的谈吐主要体现在富有磁性的声音上

温柔的声音是人类中最美妙、最动听的声音。俗话说："有理不在声高。"这也说明大嗓门往往是不被人喜欢的。有教养的淑女一般说话的声音都不高，电影电视里也很少出现泼妇式的吵闹，为了保持温柔的形象，很多女演员都做了声带手术，就是为了避免出现声嘶力竭的高调。

有感情，有柔情的声音是美的。越是富有感情，声调越低，对女人而言就是轻柔，对男人而言就是低沉有力。在美国，一些政府要员、公司主管等人员是要参加声音培训的，而培训的重点是强调降低声调。声音的力量是和音调的大小成反比的。在现实生活中，经常见过许多吵吵闹闹的场合，管理人员越是大声，吵闹声或是依旧或是越来越大。而学校里的班主任，结束吵闹场面的大多用的是沉默，吵嚷不久自然就会安静下来，在这时，能镇住、控制场面的是低调的声音。女人低而柔的声音有无限的魅力，因为听声音而喜欢对方的大有人在。低而柔，这是女声美的重要因素。

（2）淑女优雅的谈吐，还主要表现在用语礼貌、文明，让男人感受到您是一个文明的、有教养的人。如果您的话语中透着真诚、亲切，再沙哑的声音也会变得悦耳。

一个人如果只知道化妆打扮，而不懂得如何让自己的谈吐得体优雅，就难免落个徒有其表、令人讨厌的下场。有些女人衣着很漂亮，长得也很靓丽，可是说起话来乏味、粗俗甚至夹杂着脏话，这样的女人永远与淑女无缘。

女人优雅的谈吐就像是醇酒一样，芳香四溢、沁人心脾。优雅的谈吐需要女人与男人说话时语气亲切，言辞得体，态度落落大方。吸引男人的谈话需要动听的声音。有些谈话虽然在内容上没有独到的、吸引男人的地方，但女人那动人的声音，却使男人觉得是一种享受。

（3）淑女在和男人交谈时，既有思想的交流，又有感情上的沟通。任何语言贫乏、枯燥无味、粗俗浅薄，都会使男人感到厌恶。如果女人的谈吐既有知识、趣味，又不失幽默，并能用丰富的表情和磁性的声音来表达，那将会令男性听者倾倒。同时，淑女那优雅动人的谈吐，不仅可以令众生顿生仰慕之情，同时也令同性嫉妒。谈吐是女性风度、气质和美的组成部分。谈吐不仅指言谈的内容，也包括言谈的方式、姿态、表情、语速及声调等。淑女文雅的谈吐是学问、修养、聪明、才智的流露，是魅力的来源之一。

（4）淑女的谈吐要真正做到优雅动人，有些细节必须注意，必须铭记与人谈话的 10 忌和交谈中的 4 个避讳。

A. 淑女与男性谈话的 10 忌：

①打断他人的谈话或抢接别人的话头。

②忽略了使用概括的方法，使对方一时难以领会您的意图。

③注意力分散，使别人再次重复谈过的话题。

④连续发问，让人觉得您过分热心和要求太高，以致难以应付。

⑤对待他人的提问漫不经心，使人感到您忽略和轻视对方。

⑥随便解释某种现象，轻率地下断言，借以表现自己是内行。

⑦避实就虚，含而不露，让人迷惑不解。

⑧不适当地强调某些与主题风马牛不相及的细枝末节，使人厌倦，感到窘迫。

⑨当别人对某话题兴趣不减之时，您却感到不耐烦，立即将话题转移到自己感兴趣的方面去。

⑩将正确的观点、中肯的劝告佯称为是错误的和不适当的，使

对方怀疑您话中有戏弄之意。

B. 交谈中的避讳

世间没有十全十美的人。凡人皆有长处，也难免有短处。男人总是有自尊心的，往往不愿别人触及自己的某些缺点、隐私、不愉快事等。因此，在人际关系中，淑女须讲求避讳。对谈话对象涉及一些敏感的、特殊的事情时，应多为对方着想。

①生理上的缺陷。说话时都要避开人们的生理缺陷，不得已采取间接表达方式。如对跛脚人应客气说："您腿不方便，请先坐下。"

②家庭不幸。像亲属死亡、夫妻离异等。如果不是人们主动提及，不宜唐突说起。

③人事的短处。在为人处世方面的短处、不体面的经历和现状，这些都是不希望他人触及的敏感点。

④入乡随俗。"入境而问禁，入国而问俗，入门而问讳。"这对于社交成败至关重要。

身为淑女不要觉得您天生就招人喜欢，跟男人说话，注意避讳，其实是理解男人、尊重男人、是女人讲文明、有修养的表现。如果能尽量避免不愉快产生，人人皆大欢喜。总之，淑女优雅动人的谈吐，会有助于社交，有助于体现淑女的个性美，会为她的美丽平添几分姿色。

# 第十章
# 礼仪优雅——戒接人待物耍诡计

　　只注重外表打扮并想以此抓住男人心的女人，没有魅力；拥有丰富的知识却不解风情的女人，没有魅力；叱咤风云却不懂得生活情调的女人，没有魅力。女人的魅力是一项综合指数，是从女人内心深处自然流露出来的一种气韵与风格。拥有魅力的女人，虽然可能眼角爬上了皱纹，虽然可能一贫如洗，但却会是一道不褪色的风景，随着岁月的流逝而更加迷人。魅力十足，这是每个女人最心仪的赞美词。魅力不像容貌是与生俱来的，而是完完全全靠后天的修养凝聚而成。优雅的魅力女人要靠什么来培养和塑造呢？毫无疑问，正是礼仪。通过学习礼仪，优雅就会在你心中生根发芽，开出魅力之花。而要做到礼仪优雅，女人就要在接人待物时戒除耍阴谋诡计，心胸坦荡。

# 戒除愚昧，做有教养的女子

　　教养向来不是天生就有的，女人如果不具有良好的习惯和有关的知识，她可能就是愚昧和粗浅的。因此，女人要勇于戒掉愚昧，做个有教养的女人。

　　教养是需要证据的，你说你有教养不成，得拿出一个教养证明。教养的证据不是你读过多少书，家庭背景如何显赫，也不是你通晓多少礼节规范，能够熟练使用刀叉会穿晚礼服，这些仅仅是一些表面的气泡，最关键的证据可能有如下几点。

　　女人戒掉愚昧的首要前提是热爱大自然，把它列为有教养的证据之首，是因为一个不懂得敬畏大自然的女人，就像是井底之蛙，与教养谬之千里。这也许怪不得她，因为假如不经教育，一个人是很难自发地懂得宇宙之大和人类的微薄的。没有相应的自然科学知识，人除了显得蒙昧和狭隘以外，注定也是盲目傲慢的。之所以我们从小就受到要爱护花草的教育，正是这种伟大感悟的最基本的训练。若是看到一个成人野蛮地攀折林木，通常人们就会毫不迟疑地评判道——这个人太没有教养了。可见教养和绿色是紧密地联系在一起的。懂得与自然协调地相处，懂得爱护无言的植物的女人，推而广之，她多半也可能会爱惜更多的动物，爱护自己的同伴。

　　有教养的女人，对自己的身体，有着亲切的了解和珍惜之情。

知道它们各自独有的清晰的名称，明了它们是精致和洁净的，身体的每一部分都有着不可替代的功能，并无高低贵贱的区别。她知道自己的快乐和满足，有很大的一部分是建筑在这些功能灵敏的感知上和健全的完整上的。她也毫无疑义地知道，她的大脑是她的身体的主宰。她不会任由其他的器官牵制她的所作所为，她是清醒和有驾驭力的。她在尊重自己身体的同时，也尊重他人的身体。在尊重自我的权利的同时，也尊重他人的权利。在驰骋自我意志的骏马时，也精心维护着他人的茵茵草地。

一个有教养的女人，能够自如地运用公共的语言，表达自己的内心和同他人交流，并能妥帖地付诸文字。公共语言，是指大家——从普通民众到知识分子都能理解的清洁和明亮的语言，而不是某种狭窄的土语或者某特定情境下的专业语言。这个要求并非画蛇添足，在这个千帆竞发的时代，一些女人，只会说她那个行业的内部语言，只会说机器仪器能听懂的语言，却不懂得和人亲密地交流。这不是一个批评，而是一个事实。与人交流的掌握，尤其是和陌生人的沟通，通常不是自发产生的，是要通过学习和练习来获得的。一个没有受过教育的人，她所掌握的词汇是有限的、贫乏的，除了描绘自己的生理感受，比如饿了、渴了、睡觉等的欲望之外，她们对于自己的内心感知甚为模糊，因为那些描述内心感受的词汇，通常是抽象的。不通过学习，难以明确恰当地将它表达出来。那些虽然拥有一技之长，但无法精彩地运用公共语言这种神圣的媒介，来沟通和解读自我心灵的女人，难以算是一个有教养的女人。技术是用来谋生的，而仅仅具有谋生的本领是不够的，就像豺狼也会自发地猎取食物一样，那是近乎无需教育也可掌握的本能。而人，毫无疑问地应比豺狼更高一筹。

有教养的女人知道害怕，知道害怕是件有意义有价值的事情。它表示明了自己的限制，知道世上有一些不可逾越的界限。知道世界上有阳光，阳光下有正义的惩罚。由于害怕正义的惩罚，因而约束自我，是意志力坚强的一种体现。

一个有教养的女人，对种种优秀的品质，比如信任、忠诚、勇敢、勤勉、互助、舍己救人、吃苦耐劳、临危不惧、坚贞不屈，充满敬重、敬畏、敬仰之心。不一定每一个女人都能够身体力行，但她们懂得爱戴和歌颂。女人不是不可以怯懦和懒惰，但她不能把这些陋习伪装成高风亮节，不能由于自己做不到高尚，就诋毁所有做到了这些的人是伪善。你可以跪在泥里，但你不可以把污泥抹上整个世界的胸膛，并因此煞有介事地说到处都是污垢。

有教养的人知道仰视高山和宇宙，知道仰视那些伟大的发现和人格，知道对于自己无法企及的高度表达尊重，而不是糊涂地闭上眼睛或是居心叵测的嘲讽。

有教养的女人遵守诺言，即使遇到困难也从不食言。

有教养的女人从不随意打断别人的讲话。她首先要听完对方的发言，然后再发表自己的意见或者补充对方的意见。

有教养的女人尊重别人的观点，即使她不同意，也从不喊叫什么"瞎说"、"废话"、"胡说八道"，而是陈述理由，说明不同意的道理。

无论是工作还是休息，有教养的女人在与人交往时，从不强调自己的职位，从不表现出自己的优越感。

有教养的女人在别人痛苦或遇到不幸时，绝不袖手旁观，而是尽自己的力量和可能，给予同情或帮助。

有教养的女人在任何情况下，对上年纪的老人，总是表示关心并给予照顾。

女人勇于戒掉愚昧吧！学做一个有教养的女人。要知道，教养是不可一蹴而就的。教养是细水长流的，教养是可以遗失也可以捡拾起来的，教养也具有某种坚定的流传性和既定的轨道性。在某种程度上，教养不是活在我们的皮肤上，而是繁衍在我们的骨髓里。

# 电话形象——你的声音名片

人们在交往中特别重视自己给别人的"第一印象"，给人的第一印象好，大家打起交道来心情愉快，事情也会办得更顺利。

你是否注意到，你给别人的第一印象，往往在你们见面之前就已经存在了。因为出于礼貌，人们在见面前经常会通过电话约定见面的时间、地点等细节，所以您的第一印象已经通过您的声音传给对方了，可以说您的电话形象是您给对方的第一张"名片"。

电话形象是人们在使用电话时的种种外在表现，是个人形象的重要组成部分。人们常说"闻其声，如见其人"，说的就是声音在交流中所起的重要作用。通话时的表现是一个人内在修养的反映，电话交流同样可以给对方和其他在场的人，留下完整深刻的印象。

一般认为，一个人的电话形象如何，主要由他使用电话时的语言、内容、态度、表情、举止等多种因素构成。那么怎样给人一张得体的"声音名片"呢，尤是女性。

无论在哪里，接听电话最重要的是传达信息，所以打电话时要目的明确，不要说无关紧要的内容。语气要热诚、亲切，口音清晰，语速平缓。电话语言要准确、简洁、得体。音调要适中，说话的态度要自然，这点对于男士来说可能不容易做到，不过对于女性来说，是轻而易举便能做到的。

其次就是通话的一些细节问题。

（1）如果主动给对方打电话，要选择好通话时间，不要打扰对方的重要工作或休息

通话时间的长短要控制好，不要不顾对方的需要，电话聊起来没完。如果对方当时不方便接听电话，要体谅对方，及时收线，等时间合适再联络。

（2）接听电话时注意接听要及时，应对要谦和，语调要清晰明快

如果对方要留口信，一定问清楚姓名、电话等细节，免得耽误别人的事情，然后及时转达。

接电话最好在铃响三声时接，也应先说"你好"再自报家门，通话结束时不要抢先挂断电话。记录电话内容最好再复述一遍。在办公室手机要使用振动功能，接听电话要避开人群，乘飞机、开汽车、经过加油站、到医院探病人和参加集体活动时，都不得使用手机。

（3）公务电话不宜在对方节假日、休息时间和用餐时打，因私

电话最好不要占用对方上班时间

要长话短说、有备而谈，一次通话不宜超过 3 分钟。

（4）接打电话一定要注意礼貌

去话时要首先向接待人问好并自报家门，需要受话人找人要用"请"字并致谢，通话结束时不忘说"再见"并轻挂电话。

声音，是一个女人致命的武器，好好利用，事半功倍。

# 优雅娴熟地吃西餐

心仪的他终于提出约会，还是在城中有名的高级西式餐厅用膳。这次不但不可在他面前失态，更要留下良好印象。马上开始餐桌礼仪特训，为这一重要时刻做好准备。谨记"整齐、清洁和保持安静"三项原则便可无往而不利了。

吃西餐在很大程度上是在讲究吃情调：大理石的壁炉、熠熠闪光的水晶灯、银色的烛台、缤纷的美酒，再加上俊男靓女们优雅迷人的举止，这本身就是一幅动人的油画。为了在初尝西餐时举止更加娴熟，费些力气熟悉一下这些进餐礼仪，还是值得的。

（1）最得体的入座方式是从左侧入座

当椅子被拉开后，身体在几乎要碰到桌子的距离站直，领位者会把椅子推进来，腿弯碰到后面的椅子时，就可以坐下来。

就座时，身体要端正，手肘不要放在桌面上，不可跷足，餐台上已摆好的餐具不要随意摆弄。点菜完毕后将餐巾打开，对折轻轻放在膝上。餐巾不可用来擦餐具或擦脸。弄脏嘴巴时，一定要用餐巾擦拭，避免用自己的手帕。最好不要把餐巾塞入领口，用餐巾的内侧来擦，而不是弄脏其正面，是应有的礼貌。手指洗过后也是用餐巾擦的。若餐巾脏得厉害，请侍者重新更换一条。吃到坏的食物非吐出来不可时，也别吐在盘子里，最好在别人不注意时，吐在餐巾上包起来，并要求更换一块新的。前菜、主菜（鱼或肉择其一）加甜点是最恰当的组合，点菜并不是由前菜开始点，而是先选一样最想吃的主菜，再配上适合主菜的汤。

（2）用餐时，上臂和背部要靠到椅背，腹部和桌子保持约一个拳头的距离，两脚交叉的坐姿最好避免

记得要抬头挺胸着吃，在把面前的食物送进口中时，要以食物就口，而不是弯下腰以口去就食物。正式西式料理的套餐中，常根据不同料理的特点而配合使用各种不同形状的刀叉，并不是一开始就全部摆出来的。说到全套，很容易使人联想到在餐桌上摆满银器的画面，而现在大都是以点用2～3道单品料理的方式为主流。

使用刀叉进餐时，刀叉和汤匙依使用的先后顺序排列。最先用的放在离主菜盘最远的外侧，后用的放在离主菜盘近内侧。假如先上主菜再上沙拉，就要把主菜叉子放在沙拉叉子的外侧，从外侧往内侧取用刀叉，吃西餐要左手持叉，右手持刀；汤匙则用握笔的方式拿即可。切东西时左手拿叉按住食物，右手执刀将其切成小块，用叉子送入口中。使用刀时，刀刃不可向外。进餐中放下刀叉时应摆成"八"字型，分放盘中。刀刃朝向自身，表示还要继续吃。每吃完一道菜，

将刀叉并拢放在盘中。如果是谈话，可以拿着刀叉，无需放下。不用刀时，可用右手持叉，但若需要做手势时，就应放下刀叉，千万不可手执刀叉在空中挥舞摇晃，也不要一手拿刀或叉，而另一只手拿餐巾擦嘴，也不可一手拿酒杯，另一只手拿叉取菜。要记住，任何时候，都不可将刀叉的一端放在盘上，另一端放在桌上。

（3）喝汤时身子要坐直，头不能低下去迁就汤匙，而是要把汤匙送到嘴边

所以汤不要太热，每匙也不要太满，更重要的是喝时不能发出响声。喝到最后，可把碗子稍向外倾出。

（4）吃鱼、肉等带刺或骨的菜肴时，不要直接外吐，可用餐巾捂嘴轻轻吐在叉上放入盘内。

吃剩的鸡、鱼骨头和渣子放在自己盘子的外缘，不要放在桌上，更不能丢到地上。如盘内剩余少量菜肴时，不要用叉子刮盘底，更不要用手指相助食用，应以小块面包或叉子相助食用。吃面条时要用叉子先将面条卷起，然后送入口中。

（5）面包要吃一口掰一口，吃面包可蘸调味汁吃到连调味汁都不剩，是对厨师的礼貌。注意不要把面包盘子"舔"得很干净，不能用叉子叉面包。

（6）吃鸡时，欧美人多以鸡胸脯肉为贵。吃鸡腿时应先用力将骨去掉，不要用手拿着吃；吃鱼时不要将鱼翻身，吃完上层后用刀叉将鱼骨剔掉后再吃下层，要切一块吃一块，块不能切得过大，或一次将肉都切成块。

（7）喝咖啡时如愿意添加牛奶或糖，添加后要用小勺搅拌均匀，将小勺放在咖啡的垫碟上。

喝时应右手拿杯把，左手端垫碟，直接用嘴喝，不要用小勺一勺一勺地舀着喝。吃水果时，不要拿着水果整个去咬，应先用水果刀切成四瓣再用刀去掉皮、核、用叉子叉着吃。

（8）吃有骨头的肉时，可以用手拿着吃。若想吃得更优雅，就用叉子将整片肉固定（可将叉子朝上，用叉子背部压住肉），再用刀沿骨头插入，把肉切开，最好是边切边吃。必须用手吃时，会附上洗手水。

当洗手水和带骨头的肉一起端上来时，意味着"请用手吃"。用手指拿东西吃后，将手指放在装洗手水的碗里洗净。吃一般的菜时，如果把手指弄脏，也可请侍者端洗手水来，注意洗手时要轻轻地洗。

（9）点牛排时，服务生会询问你烧烤程度，可依你所喜欢的料理方式供应。用餐时，以叉子从左侧将肉叉住，再用刀沿着叉子的右侧将肉切成小块，然后直接以叉子送入口中。应从左往右吃。

点缀的蔬菜也要全部吃完，放在牛排旁边的蔬菜不只是为了装饰，同时也是基于营养均衡的考虑而添加的。国人大都会把水芹留下，如果不是真的不爱吃，最好不要剩下。

（10）万不得已要中途离席时，最好在上菜的空当，向同桌的人打声招呼，把餐巾放在椅子上再走，别打乱了整个吃饭的程序和气氛。吃完饭后，只要将餐巾随意放在餐桌即可，不必特意叠整齐。

（11）侍者会经常注意客人的需要。若需要服务，可用眼神向他示意或微微把手抬高，侍者会马上过来。东西掉了的时候最好请服务生过来替你捡起，如果对服务满意，想付小费时，可用签账卡支付，即在账单上写下含小费在内的总额再签名。

最后提醒你的是，用餐完毕后可别忘了谢谢人家哟！

# 让你在舞会上光芒四射

女性是舞会上的亮点，缺少了女性的舞会也就失去了光彩和举办的意义。

参加舞会是时下年轻人非常流行的交际形式，不仅仅是为了陶冶情趣，还具有十分重要的交际目的。在轻歌曼舞之中，联络老朋友，结识新朋友，真是别有一番滋味。那么，如何在舞会上大放光彩，别具一格呢？

（1）确切地知道今晚舞会的性质，再决定该穿的衣服与做适当的修饰，过与不及都要避免。不可浓妆艳抹地参加舞会，也不要穿牛仔裤挤在人群里；因为你是去参加舞会，不是去郊游。

（2）如果你与男朋友坐在一起，此时有人向你邀舞，礼貌上必须征得他的同意。

（3）当你单身去赴一个舞会时，你就听从舞会主人给你安排舞伴好了，而如果有别的男孩到你面前彬彬有礼地邀请时，不答应是极不礼貌的，你应该微笑地站起来，接受他的邀请。

（4）对不熟的舞步，不要贸然地、很有勇气地去跳，除非邀舞的人不在乎你踩他的脚，或你自己不怕出洋相。

（5）当你不想跳时，刚好有人向你邀舞，你可以拒绝他，但请注意拒绝的艺术，不要让他有"下不了台"的感觉。

（6）跳舞时，不要讨论或争辩一件事情，更不要在散会时做出有企图似的详细身家调查。如果对方向你询问一些有关你的一切事情时，如果你愿意的话不妨大可坦白地告诉他；如果你不愿意让他知道的话，你可以拒绝回答，但不可编造谎言。

（7）跳舞时若对方问你的姓名，你可以告诉他，如果不想让他知道，只告诉他你的姓便可以。他问你的地址时，如果不愿意让他知道，你可以说："××知道我住在什么地方。"这不是拒绝得很巧妙吗？作为男士，也应知所进退了。

（8）注意你的坐姿，舞会中的灯光通常是比较暗，而且朦胧，男孩只能看见你的形态，所以你要随时注意保持优美的仪态。

（9）舞会正在进行中，不可因音乐、气氛的感染而表现得太过放肆，尤其是在跳舞时，不要闭上眼睛。除非你们已是一对被公认的情侣，更不要在跳舞时把面颊靠在他的肩上。至于跳"一贴"、"二贴"、"三贴"的舞时更要避免。

（10）当你一个人坐在角落时，不要做出傻里傻气的动作

参加任何性质的舞会时，在服装和首饰上都不能喧宾夺主。如果你想提早离开会场，仅悄悄的向主人招呼一声即可，千万不可在大众面前，言明要早走之意，以免破坏其他人的玩兴，而使主人难以控制场中的气氛。

（11）请小心，不要把口红沾染在男伴的衣襟上或领带上。

（12）如果有别的男孩要送你回家，而你又是和另一位同伴前来，请注意：不要撇下他不管。假如没有男伴同行，而在舞会中有男性友人要送你回去而你又不愿意时，假如大家是相熟很久的，可

用半开玩笑的方式去回绝对方。如果是新交的，可礼貌地说声对不起，并告诉他已经有人送你了。记着说话时要婉转得体，使对方不会难堪，也不会对你苦缠下去。

不要把舞会当成你的个人舞台，像花蝴蝶似的四处招摇，看着让你的朋友会觉得很丢面子。

# 品味尊贵，体验红酒

很多女人都喜欢喝红酒，既优雅又不用害怕发胖，还可以养颜，所以红酒对于女人来说既是高贵气质的体验，又是滋补身体的佳品。

红酒如何能喝出品味，尤其是当对面坐着你心仪的男士，女人如何能使自己在红酒的映衬下更加妩媚呢？简单地说，红酒的喝法应该分为四个层次：

眼喝：首先检点一下酒的品质，然后再用深情的目光，欣赏一下那晶莹剔透的芳泽。

手喝：端着高脚杯缓缓地摇晃，让酒与空气接触，散发出扑鼻的香气。

鼻喝：把酒杯移向鼻端轻轻地嗅上一嗅，然后流露出陶醉的赞许的微笑。

口喝：轻轻地啜上一口，然后在口腔内缓缓地转动，回味那风情万种。

　　一般在餐厅斟酒，都由侍者进行服务。客人自己不必互相倒酒。而在请侍者伺酒时，将酒杯置于自己桌面右侧即可。侍者会站在你右边，当着你的面倒酒。为保有酒香，酒瓶口与酒杯的距离不会太大，所有的红葡萄酒倒酒时瓶口几乎是挨着杯子。侍者为你斟酒时，你不需要注意看杯口以及倒酒的细节等，只需微笑着看着侍者，对他的服务表示首肯即可。

　　喝红酒时，正确的持杯方法是用手指轻握葡萄酒杯的杯脚，而非杯身，因为这样红酒的酒温才能不受体温的影响而保持冰爽，同时也方便喝酒的人好好欣赏所有酒款，包括红酒的美丽色泽。

　　敬酒一般要选择在主菜吃完、甜菜未上之间。敬酒时，手指握住杯脚，将杯子高举齐眼，注视对方，并至少要喝一口酒，以示敬意。当然，女士一般是不主动敬酒的，但是一旦有别人敬酒也不要拒绝，适当饮用是可以的，但千万不可豪饮，毕竟红酒"后劲"很大的。

　　红酒可以养颜，小酌也有益身体健康，有助于睡眠。

## 巧妙地"敬酒"与"拒酒"

　　在社交场合里，"敬酒"与"拒酒"是你必做的事，所以在这两方面一定要讲求礼仪，做到既大方得体，又灵活机智。

　　敬酒一般是在正式宴会上，由男主人向来宾提议，提出某个事由而饮酒。在饮酒时，通常要讲一些祝愿、祝福的话，甚至主人和主宾还要发表一篇专门的祝酒词。

在饮酒特别是祝酒、敬酒时进行干杯，需要有人率先提议，可以是主人、主宾，也可以是在场的人。提议干杯时，应起身站立，右手端起酒杯，或者用右手拿起酒杯后，再以左手托扶杯底，面带微笑，目视其他特别是自己的祝酒对象，嘴里同时说着祝福的话。

有人提议干杯后，要手拿酒杯起身站立。即使是滴酒不沾，也要拿起杯子做做样子。将酒杯举到眼睛高度，说完"干杯"后，将酒一饮而尽或喝适量。然后，还要手拿酒杯与提议者对视一下，这个过程就算结束。

在中餐里，干杯前，可以象征性地和对方碰一下酒杯；碰杯的时候，应该让自己的酒杯低于对方的酒杯，表示你对对方的尊敬。用酒杯杯底轻碰桌面，也可以表示和对方碰杯。当你离对方比较远时，完全可以用这种方式代劳。如果主人亲自敬酒干杯后，要求回敬主人和他再干一杯。

一般情况下，敬酒应以年龄大小、职位高低、宾主身份为先后顺序，一定要充分考虑好敬酒的顺序，分明主次。即使和不熟悉的人在一起喝酒，也要先打听一下身份或是留意别人对他的称号，避免出现尴尬或伤感情。既使你有求于席上的某位客人，对他自然要倍加恭敬。但如果在场有更高身份或年长的人，也要先给尊长者敬酒，不然会使大家很难为情。

如果因为生活习惯或健康等原因不适合饮酒，也可以委托亲友、部下、晚辈代喝或者以饮料、茶水代替。作为敬酒人，应充分体谅

对方，在对方请人代酒或用饮料代替时，不要非让对方喝酒不可，也不应该好奇地"打破砂锅问到底"。要知道，别人没主动说明原因就表示对方认为这是他的隐私。

在西餐里，祝酒干杯只用香槟酒，并且不能越过身边的人而和其他人祝酒干杯。

很多女性的酒量并不是很好，所以如何拒酒便成了她们的难题了。拒绝他人敬酒通常有三种方法：

第一种方法是主动要一些非酒类的饮料，并说明自己不饮酒的原因。

第二种方法是让对方在自己面前的杯子里稍许斟一些酒，然后轻轻以手推开酒瓶。按照礼节，杯子里的酒是可以不喝的。

第三种方法是当敬酒者向自己的酒杯里斟酒时，用手轻轻敲击酒杯的边缘，这种做法的含义就是"我不喝酒，谢谢。"

当主人或朋友们向自己热情地敬酒时，不要东躲西藏，更不要把酒杯翻过来，或将他人所敬的酒悄悄倒在地上。

拒绝也要讲究技巧，既不会让人觉得难堪又挽救了自己的面子。

# 适时的赞美与由衷的感谢

　　称赞与感谢都是社交场合中最重要的调合剂，适时地赞美与由衷地感谢都能令对方增加好感，从而更深入地完成进一步的交流。

　　称赞别人固然重要，但也要讲适度原则，要有所忌讳。

　　例如赞美对方："您今天穿的这件衣服，比前天穿的那件衣服好看多了"，或是"去年您拍的那张照片，看上去您多年轻呀！"都是用"词"不当的典型例子。前者有可能被理解为指责对方"前天穿的那件衣服"太差劲，不会穿衣服；后者则有可能被理解为是在向对方暗示：您老得真快！你现在看上去一点儿也不年轻了。您说，讲这种废话是不是还不如免开尊口呢？

　　赞美别人一定要有感而发，切忌阿谀奉承。赞美别人的第一要则，就是要实事求是，力戒虚情假意，乱给别人戴高帽子。夸奖一位不到40岁的女士"显得真年轻"，还说得过去；要用它来恭维一位气色不佳的80岁的老太太，就过于做作了。

　　离开"真诚"二字，赞美将毫无意义。一位西方学者曾经说过：面对一位真正美丽的姑娘，才能夸她"漂亮"。面对相貌平平的姑娘，称道她"气质甚好"，"大方得体"，而"很有教养"一类的赞语，则只能用来对长相实在无可称道的姑娘讲。这就是赞美他人的第二要则：因人而异。

男士喜欢别人称道他幽默风趣，很有风度，女士渴望别人注意自己年轻、漂亮。老年人乐于别人欣赏自己知识丰富，身体保养好。孩子们爱别人表扬自己聪明，懂事。适当地道出他人内心之中渴望获得的赞赏，适得其所，善莫大焉。这种"理解"，最受欢迎。

赞美别人的另一要则就是自然。话要说的理所应当，不露痕迹，不要听起来过于生硬，更不能"一视同仁，千篇一律"。比如，当着一位先生夫人的面，突然对后者来上一句："您很有教养"，会让人摸不清头脑；可要是明明知道这位先生的领带是其夫人"钦定"的，再夸上一句："先生，您这条领带真棒！"那就会产生截然不同的"收益"。

别看"谢谢！"只有两个字，但如运用得当，它的魅力可是无穷的。

在社交场合中，对他人给予自己的关心、照顾、支持、喜欢、帮助，表示必要的感谢，不仅是女性应当具备的教养，而且也是对对方为自己而"付出"的最直接的肯定。这种做法，不是虚情假意，可有可无的，而是必需的。在这方面，"讷于言而敏于行"，弄不好会导致交往对象的伤感、失望和深深的抱怨。

感谢其实也是一种赞美！对它运用得当，可以表示对他人的恩惠领情不忘，知恩图报，而不是忘恩负义、过河拆桥之辈。在今后"下一轮"的双边交往中，女性同胞会因为自己不吝惜这么简短的一句话，而赢得更好的回报。

当然，感谢别人也要分场合，有些应酬性的感谢可当众表达，不过要显示认真而庄重的话，最好"专程而来"，应于他人不在场之际表达此意。

跟赞美一样，感谢也要真心实意。为使被感谢者体验到这一点，务必要作得认真、诚恳、大方。话要说清楚，要直截了当，不要连一个"谢"字都讲得含混不清。

# 送礼也是一门学问

　　送礼，是人际交往中的一项重要举措。成功的赠送行为，能够恰到好处地向受赠者表达自己友好、敬重或其他某种特殊的情感，并因此让受赠者产生深刻的印象。

　　中国自古就是礼仪之邦，传统上很注重礼尚往来。"礼尚往来，来而不往，非礼也"，其影响之深远，至今还备受人们的推崇。因此，送礼也就成了最能表情达意的一种沟通方式。送礼受时间、环境、风俗习惯的制约，也因对象、目的而不同。所以，赠送礼品也是一门艺术。

　　让送礼人最头疼的事，莫过于对方不愿接受或严词拒绝，或婉言推却，或事后回礼，都令送礼者十分尴尬，赔了夫人又折兵，真够惨的。那么，怎样才能防患于未然，"一"送即中的呢？关键在于借口找得好不好，送礼的说道圆不圆，你的聪明才智应该多用在这个方面。下面教各位女性几种送礼的小秘诀：

　　（1）借花献佛

　　如果你送土特产品，可以说是老家来人捎来的，分一些给对方尝尝鲜，东西不多，自己又没花钱，不是特意买的。请他收下，一般来说受礼者那种因害怕你目的性太强的拒礼心态，就会得到缓和，欣然收下你的礼物。

（2）暗度陈仓

如果你送的是酒一类的东西，不妨假借说是别人送你两瓶酒，你自己又不喝，故而转送于他的，这样理由也充分，更能拉近关系了。

（3）借马引路

有时你想送礼给人而对方却又与你八竿子拉不上关系，你不妨选受礼者的生诞婚日，邀上几位熟人同去送礼祝贺，那样受礼者便不好拒收了，当事后知道这个主意是你出的时，必然改变对你的看法，借助大家的力量达到送礼联谊的目的，实为上策。

（4）移花接木

张先生有事要托刘先生去办，想送点礼物疏通一下，又怕刘先生拒绝，驳了自己的面子。张先生的太太碰巧与刘先生的女朋友很熟，张先生便用起了夫人外交，让夫人带着礼物去拜访，一举成功，礼也收了，事也办了，两全其美，看来有时直接出击不如迂回行动更能收到奇效，这就是女性在送礼上的优势了。

（5）借鸡生蛋

一个女孩受上司恩惠颇多，一直想回报，但苦无机会，因为上司是个有些年纪的女性。一天，她偶然发现上司红木镜框中镶的字画跟她家里雅致的陈设不太协调，正好，她的叔父是全国小有名气的书法家，自己手头还有他赠送的字画。她马上把字画拿来，主动放到镜框里，上司不但没有反对，反而十分喜爱，送礼的目的终于达到了。

　　以上这些都是商务性的送礼，对于亲密的朋友或亲人之间，则无需那么多忌讳。

　　说了这么多，有可能会让你想起来送礼与女人有什么关系？其实，仔细想想你们家的情况你就不难发现了——尽管有时候送礼的人是老公或男友，不过那只是一个命令的执行者罢了，谈到买礼物、如何送，大部分不都是你在背后出谋划策吗？你的聪明才智，将决定着送礼的效果。

　　有的时候，送礼只是一种需要，慎重是最基本的，而价值的大小并不重要，在新邻居的门口留下一瓶葡萄酒，给报童送上一副露指手套——礼物来自于有心人。

第十章 礼仪优雅
——戒接人待物要诡计